좋은 엄마로 산다는 것

· 사랑에 서툰 엄마를 위한 어머니다움 공부 ·

좋은 엄마로 산다는 것

이옥경 지음

좋은날들

|머리말|

아이에게 오늘 좋은 엄마를 보여주세요!

지난해 여름부터 해가 바뀌고 또 여름이 오기까지 제 머릿속을 가득 채운 생각 하나가 있었습니다. 좋은 엄마란 어떤 사람일까?, 라는 물음이었습니다. 어떤 마음가짐, 어떤 모습, 어떤 행동을 해야 좋은 엄마가 될 수 있을까요? 만나는 엄마들에게 물어보기도 하고, 나름대로 생각을 정리하는 시간을 자주 가져도 보았습니다.

직장을 다니며 초등 5학년 아들을 키우는 한 엄마는 아이의 마음을 잘 챙겨주는 이가 좋은 엄마라고 제게 말했습니다. 실제로 그녀의 아들은 그 같은 진심을 이해하기라도 하듯 제 속마음을 엄마에게 잘 표현합니다. 엄마가 미처 생각하지 못한 것들도 자주 이야기하고, 이따금 엄마에게 힘이 되는 말을 해주기도 합니다. 둘은 비록 많은 시간을 함께하지는 못하지만, 서로의 마음을 나누는 방법을 알고 있었습니다. 그러다 보니 날이 지날수록 서로에 대한 신뢰와 배려하는 마음은 더욱 두터워졌지요.

그녀가 처음부터 아들과 속 깊은 이야기를 나누던 사이는 아니었습니다. 부부 갈등과 이혼을 겪으며 스스로의 상처가 컸던 데다가 일 때문에 아이를 친정엄마에게 맡겨둔 터라 잘 챙기지도 못하는 처지였습니다. 마음 한쪽에는 아이에 대한 염려와 미안함이 깊이 자리하고 있었지만, 그렇다고 곁에서 보살펴줄 형편이 되는 것도 아니어서 항상 자책감을 안고 지내야 했지요.

다행히도 그녀는 상담을 통해 차츰 자신의 상처를 치유하고, 아이였을 때의 자신을 이해하게 되고, 지금의 아이가 받았을 스트레스와 마음의 상처도 알게 되었지요. 아이에게 어떻게 다가가고, 마음을 나눠야 하는지에 대해서도 감을 잡아나갔습니다. 아이의 긍정적인 변화에 힘입어 그녀는 더욱 용기를 내었고, 마침내 아이와 좋은 관계를 회복할 수 있었습니다. 이 같은 체험이 그녀가 다른 무엇보다 아이의 마음을 챙기는 게 중요하다고 믿는 이유입니다.

좋은 엄마란 어떤 사람일까?

그녀는 전보다는 더 좋은 엄마가 되었을 테지요. 그러면 그녀의 표현대로 아이의 마음을 잘 챙겨주는 게 좋은 엄마의 첫 번째 조건일까요? 중요한 것은 이 밖에도 더 있을 것 같습니다. 아이가 훗날 자신의 꿈을 펼칠 수 있도록 재능을 찾아주고 뒷바라지해주는 것도 중요하고, 바른 심성과 좋은 태도를 길러주는 것도 중요할 것입니다. 또한 아이가 잘 자라고 배울 수 있도록 부모로서 경제적, 정서적 여건을 갖춰주는 것도 빼놓기 어려울 것 같습니다. 아이의 건강한 삶을 위해 다양한 경험과 올바른 가치관을 심어주는 일은 또 어떨까요?

이렇듯 바람직한 엄마의 역할이나 모습, 조건은 다양할 수 있습니다. 그럼에도 현실적으로 아이에게 엄마가 모든 부분을 완벽하게 해줄 수는 없지요. 그 이전에 완벽하다는 기준 또한 쉽사리 정할 수 있는 게 아닙니다. 그렇다면 좋은 엄마란 과연 어떤 기준으로 판단할 수 있을까요? 누가 판단할 수 있을까요? 참 어렵습니다.

한편으로 세상의 거의 모든 엄마들은 좋은 엄마이기를 희망하고, 좋은 엄마가 되고자 부단한 노력을 기울이고 있습니다. 각자 나름의 믿음과 방법으로 말이지요.

"난 좋은 엄마예요?"

생각이 늘 좋은 엄마에 가있으니 이 같은 질문을 제 자신 혹은 가까운 사람들에게 해보곤 합니다. 어느 날은 남편에게 이렇게 물어보았습니다. 저의 노고를 인정해주며 참 좋은 아내라고 힘을 주길래 그 말끝에 물어본 것이었습니다. 가까이에서 저를 가장 잘 아는 사람이 남편이기도 하지요. 남편은 잠깐 머뭇거리더니 이렇게 대답합니다.

"그 질문은 아이들에게 해봐야 하지 않을까?"

그러네요. 좋은 엄마라고 인정해줄 사람은 바로 아이들 당사자라는 것이지요. 좋은 엄마란 아이에게 좋은 엄마를 뜻할 테니 아이의 관점에서 생각하는 게 당연해 보입니다. 많은 엄마들의 생각도 크게 다르지는 않을 테지요. 아이들이 인정해주는 엄마, 다시 말해 아이들과의 관계가 원만하고 친근한 엄마 모습을 가장 먼저 떠올릴 것 같습니다. 아무리 아이가 좋은 학교를 다니고, 좋은 직장에 들어가고, 돈을 잘 벌고, 사회적으로 성공하더라도 엄마인 자신과의 관계에서 갈등을 겪는다면 스스로 좋은 엄마라고 여기기는 어려울 테니 말입니다.

내 아이가 바라고 또 필요로 하는 것들

모든 엄마들이 바라는 좋은 엄마의 모습을 어느 한 가지로 정의할 수는 없습니다. 반면에 "우리 엄마가 제일 좋아!" 또는 "엄마가 최고야!"라는 자녀의 말에 그간의 고단함이 말끔히 씻겨 나가는 듯한 느낌을 받은 적이 있을 것입니다.

그러면 아이들은 어떤 엄마를 좋은 엄마라고 여길까요? 생활에 대한 필요, 즉 입고 먹고 자고 하는 의식주를 채워주는 게 부모의 기본이라고 한다면, 아이들은 이 외에 엄마에게서 어떤 것들을 바랄까요?

요즘 세상에 생활을 영위하는 데 필요한 물질적인 부분은 차고 넘칩니다. 그저 남들과 비교하게 되면서 부족감을 느끼고는 있지요. 지금의 아이들에게는 그 같은 물질적 필요보다 충분한 감정 체험이 더 중요하지 않을까 싶습니다. 충분한 감정이란 아무리 많은 물질이 주어져도 채울 수 없는 심리적 영역에 관한 표현입니다. 정서적, 감정적 측면에서 만족한다는 뜻이지요.

정서적 만족은 물질로는 한계가 있어서, 서로의 접촉과 소통에서 우러나오는 마음으로 채울 수 있습니다. 주된 양육자, 즉 엄마와의 접촉과 관계에서 느끼는 심리적 편안함 말이지요. 이 정서적 만족감과 더불어 자녀의 성장 시기별로 무엇이 필요한지를 알고 안내해주는 엄마라면 아이는 '좋은 엄마'를 더욱 실감할 것입니다.

이제 처음의 물음을 조금 바꿔야 할 것 같습니다. '좋은 엄마란 어떤 사람일까?'에서 지금의 '내 아이에게는 과연 무엇이 필요할까?'라고 말이지요. 엄마의 입장에서 생각하는 좋은 엄마의 모습과 태도에서 벗어나 아이를 중심에 놓았을 때, 좋은 엄마의 면면은 더욱 두드러질 것입니다. 먼 훗날 아이들의 기억 속에도 참 좋았던 엄마로 자리하게 될 테고요.

그런데 아이의 필요를 위해 노력하는 엄마의 모습도 중요하지만, 그 이상으로 엄마는 자기 스스로를 잘 돌보아야 합니다. 엄마가 먼저 행복해야 아이도 행복해지는 법입니다. 엄마가 타인에게 의존하지 않으며 스스로를 돌보고, 스스로 행복을 느낄 수 있을 때 자녀에게도 그 기쁨과 행복한 마음을 나눌 수 있습니다. 언제나 그 자리에서 늘 마르지 않는 샘이 있어 우리의 목을 축여주듯이 말이지요.

이런 마음과 생각들을 모아 책에 담았습니다. 각각의 주제 아래 자녀에게 무엇이 필요하고, 또 엄마는 어떻게 해줄 수 있는지에 대해 도움말을 드리고자 애썼습니다. 그 가장 밑바탕에 놓여야 할 아이에 대한 올바른 이해와 양육에 대한 철학(가치관) 이야기, 자녀에게 좋은 습관과 역량을 길러주기 위한 엄마들의 요령과 마음가짐에 대해서도 함께 다루었습니다.

가정이 건강하면 아이들도 부모도 모두 행복하게 살아갈 수 있습니다. 가정家政이란 집을 다스리는 일이지요. 그 중심에 엄마가 있어야 합니다. 그런 의미에서 엄마는 집안의 정치가라고 할 수 있습니다.

더욱이 아이는 엄마의 절대적인 영향 아래에 나고, 자라고, 세상에 나갑니다. 좋은 엄마로 산다는 것의 참 의미는 여기에 있다고 하겠습니다. 아이의 행복을 위해, 내 아이에게 좋은 엄마의 모습을 보여주는 데에 이 책이 도움이 되기를 진심으로 바랍니다.

맑은샘심리상담연구소(주)

대표 이옥경

|차례|

머리말 | 아이에게 오늘 좋은 엄마를 보여주세요! 4

• 아이를 기르는 데도 철학이 필요하다 15

나는 아이를 어떻게 기르고 싶은 걸까? | 엄마의 목표를 아이의 목표와 혼동하지 않기

• 자녀의 마음을 잘 돌봐주는 엄마 22

울어야 할 때 울지 못한 아이의 마음 | 아이의 정서를 이해하지 못하는 엄마

• 진정으로 내 아이를 사랑하세요? 30

내 자식을 사랑하는 데 서툰 엄마들 | 아이를 사랑하기 이전에 스스로를 사랑하기

• 부모가 믿는 만큼 성장하는 아이들 42

당장의 모습이 내 아이의 전부는 아니다 | 아이의 가능성을 현실로 만들어주려면

• 엄마가 알아야 할 5가지 사랑의 언어 50

사랑은 5가지 언어로 상대에게 전달된다 | 내 아이는 어떤 사랑을 바랄까?

• 아이의 마음에 난 상처 치유하기 59
마음의 상처가 있는 아이, 그리고 엄마 | 아이의 상처를 이해한다는 것

• 방문을 잠그는 아이의 마음을 열어주려면 68
정서적 돌봄이 필요한 요즘 아이들 | 자녀와의 소통에 능숙한 엄마의 대화법

• 아이를 양육하는 부모, 소유하는 부모 80
우리 부모 세대는 자식들을 어떻게 키웠을까? | 자녀를 소유하려는 부모가 아이를 망친다

• 아이의 문제가 실은 내 문제일 수 있다 90
엄마가 원인이 되는, 아이의 부정적 성취 | 부모는 아이에게 어떻게 반응해야 할까?
에릭슨의 심리사회적 발달 이론

• 엄마가 중심을 잡은 가정은 흔들리지 않는다 100
뒷바라지가 엄마 역할의 전부는 아니다 | 자녀에게 꼭 필요한 부모의 역할

• 아이에게 아빠의 자리를 찾아주세요! 112
실은 엄마가 만들어준 아빠 이미지 | 아빠의 자리를 찾아주는 엄마의 지혜

• 현명한 엄마는 아이의 생각을 기른다 121
마음과 몸과 생각의 양육을 위해 | 아이의 사고력을 기르는 엄마의 질문

• 자녀의 거짓말에는 다 이유가 있다 130
아이들은 왜 거짓말을 할까? | 아이의 거짓말에 대처하는 부모의 태도

• 아이는 엄마의 칭찬을 먹고 자란다 140
자녀에게 좋은 칭찬, 나쁜 칭찬 | 아이를 효과적으로 칭찬하는 3가지 요령

• 존중받지 못한 아이는 배려할 줄도 모른다 149
책임감 있고 배려 깊은 아이로 키우기 | 아이를 믿고 기다려줄 수 있는 마음

• 아이는 부모의 잣대로 자기를 평가한다 158
엄마에게 터놓고 말하지 못하는 아이들 | 아이의 마음을 보듬어주는 엄마의 말

• 자녀에게 결정권을 내어주세요! 166
스스로 결정하지 못하는 요즘 아이들 | 무엇을 허락하고 무엇을 막아야 할까?

• 정서적 면역력이 있는 아이로 기르기 173
엄마의 과잉보호가 아이의 스트레스를 키운다 | 마음 상처의 회복 탄력성을 높이려면

• 엄마가 행복해야 아이도 행복해진다 182
엄마가 먼저 바뀌어야 하는 이유 | 부모가 자녀에게 보여야 할 '본데'

• 자녀교육 의도는 일관되어야 한다 191
양육의 일관성 유지하기 | 좋은 습관을 길러주는 엄마의 요령

• 아이를 야단치기 전에 꼭 알아야 할 것들 200
아이를 혼내는 방법은 달라져야 한다 | 실수를 통해서도 배우게 하는 엄마

• 스스로 공부하는 아이는 부모가 만든다 212

공부 잘하는 아이의 5가지 조건 | 당장의 성적보다 중요한 아이의 강점 찾아주기

• 부모는 더 멀리 볼 수 있어야 한다 222

인생은 대학 진학에서 끝나는 게 아니다 | 자녀를 올바르게 이끄는 진로 지도 5단계

• 아이에게 가까이 다가가는 23가지 방법 234

• 엄마와 아이는 서로를 도우는 존재 249

엄마와 아기의 첫 만남이 있기까지 | 옆에 오래 있기보다 중요한 마음 나누기

말보다 우리의 사람됨이
아이에게 훨씬 더 많은 가르침을 준다.
우리는 우리 아이들에게 바라는
바로 그 모습이어야 한다.

· 조셉 칠튼 피어스(영국 작가) ·

아이를 기르는 데도 철학이 필요하다

철학이라고 하니까 갑자기 어려워지는 느낌이 듭니다. 하지만 제가 이야기하려는 철학을 '생각'이라고 하면 어떨까요? 생각 중에서도 특히 중심이 있는 생각을 그렇게 표현했다고 말입니다.

엄마는 아이들을 키우면서 그때그때 대처해야 할 상황들이 참 많은 것 같습니다. 엄마들을 만나면 이럴 때는, 또 저럴 때는 어떻게 해야 하는지에 대한 질문을 많이 받습니다. 예를 들어 이렇습니다.

"아이가 거짓말을 하는데 어떻게 하지요?"

"우리 애는 너무 잘 울어서 감당이 안 돼요. 어쩌죠?"

"아이가 학교에서 왕따를 당하는가 봐요. 어쩌면 좋아요?"

이뿐이 아닙니다. 아이가 말을 잘 안 듣는다거나 자기 방문을 자꾸 잠그려 할 수도 있습니다. 혹은 공부보다는 아이의 인성을 위해 여유롭게 키우고 싶지만, 이웃집 아이들과 비교가 될 때는 마냥 뒤처지는 것 같아 그냥 보고 있지 못하겠다는 엄마도 있지요.

그때마다 드는 생각이 있습니다. 엄마는 도대체 어떤 생각과 태도로 아이들을 대해야 할까?, 라는 물음입니다. 이런 생각을 거듭하던 중에 엄마에게는 아이를 대하는 각자 나름의 원칙과 기준이 있어야 한다는 것을 알게 되었습니다.

그런데 어떤 기준과 원칙이 있어야 우리 아이들을 잘 키워낼까요? 그것이 바로 자녀교육의 철학이라 할 수 있습니다.

나는 아이를
어떻게 기르고 싶은 걸까?

요전에 만난 한 어머니는 아이 양육 매뉴얼이라도 있었으면 좋겠다며 한숨을 내리쉬었습니다. 그러게요. 그런 매뉴얼이 있다면 저를 비롯한 많은 엄마들이 그리 좌절하지도, 후회하지도, 자책하지도 않고 아이들을 그나마 쉽게(?) 키울 수 있겠지요. 어려움에 처할 때마다 매뉴얼에서 답을 찾아 대처하면 될 테니까요. 한편으로는 얼마나 답답하면 그렇게 말씀하실까 싶기도 합니다.

아이를 키우는 일은 세상 그 어느 엄마에게도 어렵고 난해합니다.

오래전 어느 심리학과 노교수님과 세미나 뒤풀이에서 나눈 이야기가 참으로 인상 깊었습니다. 그 교수님은 상담심리학을 가르치고, 또 직접 심리 상담을 해주기도 하시는데 당신 자식만큼은 도무지 마음대로 안 되더라는 말씀을 하셨습니다. 이렇듯 현장에서 활동하는 전문가들조차 쉽지 않은 게 자녀교육입니다. 그러니 아이들 때문에 고민하고 힘들어하는 어머니들이 있다면 행여 스스로에게 너무 자책하지 않기를 바랍니다.

그렇다면 우리 아이들을 어떻게 키우는 게 옳은 방법일까요? 이 같은 생각을 하나하나 쌓는 게 철학을 만들어가는 과정이라고 할 수 있습니다. 자녀 양육 철학인 것이지요.

예를 하나 들어보겠습니다. 아이를 잘 키우고 싶다는 양육 목적이 있습니다. 아마도 대다수 부모님들이 이런 생각을 할 테지요. 실제로 제가 만난 많은 엄마들도 심리검사에서 하나같이 그 같은 바람을 드러내십니다.

'나의 가장 큰 바람은 아이들이 잘 자라는 것이다.'

'나의 가장 큰 목표는 아이들을 잘 키우는 것이다.'

다른 무엇보다 아이들을 잘 키우고 잘 자라는 게 가장 큰 소망이라는 것이지요. 그런데 "잘 키운다는 것, 잘 자란다는 게 어떤 의미일까요?" 하고 물어보면 "그냥 잘이요…….", "이다음에 걱정 없이 잘사는 거요."라고 하시지 구체적으로 어떤 모습이나 상황을 떠올리지는 못하십니다. 왜 그럴까요?

이와 관련해 다른 생각을 한번 해보겠습니다. 다들 평소에 여행을 가고 싶다는 이야기를 많이 합니다. 그런데 막상 어디로 가고 싶으냐고 물어보면 바로 대답을 못 하는 경우가 많습니다. 그렇다면 이 여행의 실현 가능성은 어떻게 될까요?

무언가를 실현되게끔 하려면 구체적인 목적과 그에 맞는 방법이 있어야 할 것입니다. 어디로, 언제, 어떻게 그리고 어떤 목적으로 가는지를 분명하게 인식하고, 또 그에 따라 계획을 착착 준비한다면 여행도 그만큼 빨라지는 법이지요. 하지만 막연히 '시간이 되고 돈이 되면 갈 수 있겠지', '언젠가는 가겠지'라는 바람이라면 여행다운 여행은 우리의 수많은 소망 중 하나로 그칠 가능성이 높습니다. 실제로도 우리에게는 이제껏 살아오며 마음속에 생각을 품기만 하고 그것으로 그쳐야 했던 일들이 얼마나 많았을까요?

이는 아이들을 키우는 일과도 크게 다르지 않을 것 같습니다. 아이를 통해 무언가를 이루려면 그에 맞는 목표와 방법, 그리고 실천이 뒤따라야 합니다. 내 아이를 어떻게 키우고 싶은지 목표를 정하고 그에 맞는 방법을 찾아내 꾸준히 실천하는 것이지요. 그래야 '그렇게 될' 가능성이 높아집니다. 이것이야말로 부모의 가장 중요한 역할 중 하나가 아닐까 합니다.

엄마의 목표를
아이의 목표와 혼동하지 않기

사실 요즘 엄마들은 열심히 하고 있습니다. 판사로 만들고, 의사로 만들고, 일류 회사에 취직시키고 싶어 하는 목표에 맞춰 아이들에게 필요한 것들을 어려서부터 준비합니다. 그래서 일류 학교, 일류 학원, 일류 강사를 붙여주기 위해 최선의 노력을 하지요. 금전적인 부분이며 차편이며 음식이며 할 수 있는 모든 것들을 해주고자 밤낮으로 애쓰는 엄마들이 많습니다.

말은 이렇듯 쉽지만 거기에 들어가는 정성과 노력은 정말 대단합니다. 예를 들어 아이가 입시 준비생이면 집안이 초긴장 상태입니다. 기상부터 시작해 아침식사와 등교까지 책임지는 사람은 다름 아닌 바로 엄마이지요. 학교나 학원에 바래다주고 돌아와서도 쉴 수 있는 게 아닙니다. 아이를 위한 정보 수집을 위해 다른 학부모와 연대하거나, 혹은 경쟁하거나 해야 합니다. 아이에게 최고의 공부 환경을 만들어주려면 발 빠른 정보와 물밑 작업이 필요한 것이지요.

이런 일들에 뒤처지면 행여 아이의 성적에 영향을 미칠까봐 노심초사하는 게 엄마들의 마음입니다. 가끔 고3 입시생 학부모들과 상담하다 보면 마치 철인3종 경기 선수들 같다는 생각마저 듭니다. 만능 엔터테이너처럼도 느껴지고요. 이렇게 아이를 위해 온갖 힘든 일을 마다하지 않는데 정작 아이가 엄마의 목표에 부합하지 않는 행동을 한다면 어떤 마음이 들까요? 제가 조금 과한 예를 소개한 것 같지만 실제로는 이보다 더한 노력을 하는 분들도 드물지 않습니다. 최상의 목표에 맞춘 최선의 방법이니 적어도 아이를 위해서만큼은 그것이 옳은 길일지도 모르겠습니다.

하지만 여기에는 엄마들이 흔히 간과하는 게 있습니다. 엄마 자신의 바람(욕구)만 목표에 넣었지 아이의 바람을 배려하지 않았다는 점입니다. 엄마가 바라는 것이 꼭 아이의 바람(욕구)이 아닐 수도 있습니다. 개중에는 아이들의 바람 또한 계획에 넣었다고 말씀하는 분들도 있습니다. 그렇다면 다행인데 그래도 주객이 바뀐 경우가 많습니다. 아이들의 욕구야말로 가장 중요한 변수입니다. 사실 그 욕구 자체가 아이들의 삶이기 때문입니다. 엄마는 아이의 욕구를 중심에 놓고 목표와 계획을 세워야 하는 것이지요.

이처럼 엄마의 목표와 아이의 목표를 조화시켜가며 아이의 성장을 도와주려면 먼저 부모님이 그럴 준비가 되어있어야 합니다. 이때 아이나 부모, 결코 어느 한쪽의 판단이 옳다고 밀어붙이는 일은 피해야 할 것입니다. 아이들은 아직 많이 미성숙하고 어쩌면 불완전한 게 당연하지만, 그렇다고 아무런 생각이나 감정, 판단력이 없는 존재 또한 아닙니다. 그 같은 마음 상태를 잘 헤아려 엄마는 아이의 손을 잡고 이끌어야 합니다.

엄마와 아이가 목표를 향해 함께 나아가며 실천할 때 성과는 머지않아 나타날 것입니다. 그 같은 변화는 바로 아이의 달라진 모습과 엄마 본인의 달라진 마음으로 확인할 수 있습니다. 아이에 대한 믿음이 있고 가야 할 길이 분명하면 엄마의 마음도 초조하지 않습니다.

자녀를 이해하고, 자녀가 원하는 것을 함께 찾아가고, 자녀의 자신감을 키워주는 디딤돌 같은 엄마의 역할을 다할 때 그 아이는 진정으로 건강하게 성장할 것입니다. 아이 또한 스스로의 내적 동기에 힘입어 노력을 이어나갈 테지요.

곁에서 힘이 되어주는 엄마와 자신이 원하는 길을 올곧게 나아가는 아이라면 참 행복할 것 같습니다. 그래서 앞으로 이어지는 내용은 자녀를 잘 이끌기 위해 준비하는 엄마, 생각과 철학이 있는 엄마에게 무엇이 필요한지에 대한 이야기를 들려드리겠습니다. ♠

자녀의 마음을 잘 돌봐주는 엄마

내담자들이 이야기를 시작한 지 불과 몇 분도 지나지 않아 울음을 터뜨리는 경우가 있습니다. 상담을 하면서 자주 접하는 장면입니다. 저도 어린 시절에 선생님이나 부모님 앞에서 속마음을 털어놓을 때 말을 시작하기도 전에 눈물이 나서 당황했던 기억이 있습니다. 그때는 왜 눈물이 나는지조차 모르는 채 제가 하고 싶은 말을 제대로 못했던 것 같습니다.

마찬가지일 테지요. 내담자들도 자기 이야기를 꺼내놓으려고 하면 감정이 북받치는 경우가 적지 않습니다. 그래서 제게 "선생님, 이 의자가 이상한 거 같아요."라는 엉뚱한 말씀을 하기도 합니다. 그러다가 만남이 이어지며 몇 차례 감정을 쏟아내고 나면 차츰 편안하게 자기 이야기를 할 수 있게 됩니다.

우리 주위에서도 흔히 보는 모습이지요. 엄격하고 무서운 양육자 밑에서 자란 아이들이 흔히 그렇습니다. 그중에는 아이의 감정을 억지로 누르는 부모도 있습니다. 그들은 "울지 마! 울면 바보야.", "울면 지는 거야." 같은 말로 아이의 울음을 막아버립니다. 아이의 울음을 그치게 하려거나 굳세게 키우고자 던지는 말이기는 하지요. 하지만 이런 말들이 아이에게 부정적인 영향력을 미치곤 합니다.

울어야 할 때
울지 못한 아이의 마음

예전에 남들이 부러워할 정도의 경제적, 사회적 지위에 있으면서도 스스로가 매우 불행하다고 여기는 두 분을 상담한 적이 있습니다. 자신에 대한 부정적인 상을 가진 채 늘 스스로를 못마땅해하였지요.

그중에 어릴 때부터 매우 민감한 편이었던 미현 씨(가명*)는 성인이 된 어느 순간부터 자신의 생각과 감정이 무언가에 의해 막혀버렸다는 느낌을 받게 되었습니다. 상익 씨 또한 비슷한 경우였습니다. 그는 마음 안에 거대한 절벽이 놓여서 자기를 가로막고 있다고 표현했습니

* 본문의 상담 사례는 모두 가명으로 실었습니다.

다. 도저히 더는 앞으로 나아가지 못해 너무도 갑갑하다는 것이었지요. 그것은 본인의 솔직한 감정을 알지 못하는 답답함이었습니다. 자신이 진실로 원하는 게 무엇인지를 모르는 것이지요.

상담을 통해 그 같은 문제는 어린 시절의 감정 억제가 원인이라는 사실을 알 수 있었습니다. 울어서는 안 된다는 메시지가 거대한 벽으로 변해, 울고 싶어도 울 수 없는 마음을 만들어냈지요. 물론 어렸을 때는 그것이 자신의 마음을 보호하는 도구였을지 모르지만, 성인이 된 지금은 진실한 자기와의 만남을 방해하는 장애물이 되어버린 것입니다.

어린아이의 감정 표현이 제대로 수용되지 않으면 감정을 표현하고 조절하는 능력이 결여될 수 있습니다. 감정을 어떻게 표현하면 좋을지 몰라서 그저 누르거나, 터뜨리는 양 극단적인 방법만을 사용하게 되는 것이지요. 이렇게 된 아이에 대해 부모 혹은 양육자는 아이가 말이 없다거나 또는 지나치게 난폭하다는 말씀을 합니다. 양육 환경이 아이의 난폭성과 소극적 태도를 키웠다는 사실은 간과한 채 그 아이만 나쁜 아이, 부족한 아이 취급을 받는 것이지요.

'난폭한 아이', '입을 닫은 아이'는 한 아이 안에서 표현되기도 합니다. 자신의 감정을 마음속에 꾹 담아놓고 있다가 더 이상 견디기 힘들 때에야 폭발하듯이 마구 쏟아내는 것입니다.

사실 이런 이야기가 엄마들에게는 부담입니다. 자신은 그랬나, 안 그랬나를 되돌아보기도 하지만, 그러면 도대체 아이를 어떻게 대해야 되느냐는 물음에 직면하기 때문입니다.

아이의 정서를
이해하지 못하는 엄마

쉬운 예를 하나 들어보겠습니다. 얼마 전 마트에 쇼핑하러 갔다가 우연히 본 일입니다. 한 엄마가 짐을 양손에 잔뜩 들고 네댓 살 정도의 딸아이와 함께 에스컬레이터를 타려는 참이었습니다. 엄마는 아이를 잡아줄 손이 없어 아이 뒤에 서서 어서 타라고 재촉합니다. 그런데 아이가 무서움에 울며 안아달라고 칭얼대자 엄마는 귀찮은 듯한 목소리로 대뜸 이렇게 말합니다.

"지금 내가 너를 어떻게 안아. 괜찮으니까 어서 타. 바보같이 징징거리지 말고!"

엄마는 짜증을 내며 뒷사람들의 눈치를 보고 있었습니다. 그러자 뒤에 있던 남자 분이 아이를 번쩍 안아 에스컬레이터에 올려놓습니다. 움직이는 에스컬레이터 위에서 아이는 자지러질 듯이 울어댑니다. 정말 공포를 느끼는 듯했습니다. 하지만 여전히 엄마는 못 본 체하고 있다가 위층에 에스컬레이터가 도착하자 거기서 또다시 아이에게 화를 내기 시작하였습니다.

우리 주변에서 가끔 만나는 장면입니다. 어린 딸을 데리고 혼자 많은 물건을 사러 온 엄마로서는 어쨌거나 힘이 들고 속이 상하겠지요. 아이가 무섭다며 우는 모습에 짜증이 났을 것이고, 주위 사람들에게 폐를 끼치는 것 같아 그것도 신경이 쓰였겠지요. 울음소리가 커지면서 엄마도 순간 이성을 잃어버릴 지경이 되지 않았을까요? 참으로 딱한 노릇입니다. 얼마간 시간이 흐르고 나면 이 일이 엄마에게는 어떤 기억으로 남을까요? 아이가 마트에서 소리 지르며 울어서 짜증 난 일이 한 번 있었고, 이 아이는 유난히 에스컬레이터를 무서워하더라는 정도이겠지요.

그런 한편으로 아이 본인은 어떨까요? 키가 1미터도 안 되는 어린 아이에게 놓인 에스컬레이터는 어떤 느낌이었을까요? 거대한 철판이 내 앞에서 돌아가고 있고 무언가에 빨려드는 듯한 느낌을 받게 된다면 말이지요. 평소에 거의 경험해보지 않았다면 아이에게 무서움이 드는 것은 당연합니다. 그렇게 무서워하는 아이에게 엄마가 이렇게 말해주었더라면 또 어땠을까요?

"너가 무서운 것은 당연한 거야. 다른 아이들도 다들 너처럼 무서워하니까."

아이는 자신이 무서워하는 게 창피하다거나 욕먹을 일이 아니라는 사실을 알게 되면 상처를 받지 않습니다. 자신의 행동을 부정하는 일도, 그런 행동이 엄마를 그토록 화나게 했다는 데 대한 죄책감을 갖지도 않을 것입니다. 더욱이 에스컬레이터를 탈 수 있도록 기다려준다면 아이에게는 훌륭한 도전 기회가 되었을 테지요. 에스컬레이터 타기에 성공함으로써 성취감을 맛보고 자신감을 높이는 작은 계기가 되는 것입니다. 이뿐이 아닙니다. 낯선 사람들이 자신을 받아들이고 기다려주는 경험을 통해 세상에 대한 두려움이 조금은 열어질 수도 있습니다. 이렇듯 아이에게 미치는 영향은 좋은 쪽으로도, 나쁜 쪽으로도 결코 작지 않습니다. 일상에서 흔히 일어나는 아주 사소한 일일지라도 말이지요.

'감정'이라는 놈은 사람과 마찬가지로 생로병사의 과정을 거칩니다. 어떠한 자극에 의해 감정이 태어나면 일정한 시간이 지나면서 감정은 차츰 줄어들거나 사라집니다. 옆에서 그 감정을 자극하면 극성을 부리다가도, 가만히 놓아두면 다시 사그라집니다. 나쁜 자극이 들어오면 본래의 순수한 감정이 더 나빠지기도 하고, 좋은 자극에 의해 순화되기도 합니다. 앞의 예를 들어 살펴보겠습니다.

어린 여자아이가 에스컬레이터 앞에서 무서움을 느꼈습니다. 그런데 에스컬레이터를 빨리 타라고 재촉하지 않았다면 그 아이는 잠시 울다가 말 것입니다. 하지만 엄마의 성화, 모르는 아저씨가 자기를 번쩍 들어서 그 무서움의 공간에 던져놓는 식의 자극이 아이의 무서움을 더욱 증폭시켰습니다. 아이로서는 더욱 크게 호소할 수밖에 없지요. 자신의 감정 상태를 가장 요란하게 우는 것으로 표현해야 했던 것입니다. 에스컬레이터가 위층에 도착해 내려서는 엄마가 또다시 무서운 얼굴로 화를 냅니다. 아이의 감정은 더더욱 어떻게 해야 할지 모르게 되고, 이제는 억지로라도 울음을 참을 수밖에 없습니다. 자신이 무서움을 표현해서는 안 되고, 우는 것도 안 되고, 엄마를 화나게 하는 것은 더더욱 안 된다는 병든 신념이 생기는 것이지요. 게다가 낯선 사람은 자신을 도와주는 게 아니라 더 무서운 상황으로 몰아넣는다는 경험에 의해 아무도 믿지 말아야 한다는 또 다른 신념이 추가될 수도 있습니다.

그러다가 시간이 흐르고 나면 아이의 관심은 자연히 다른 것들로 옮겨갑니다. 그리고 감정은 자기 안으로 숨어듭니다. 무의식적으로 다시금 그런 상황이 올까봐 두려워하는 마음을 갖게 되지요. 즉, 자신이 그토록 무섭다고 호소해도 누구의 도움도 받지 못한 채 또다시 그 상황에 놓이게 될지도 모른다는 공포와 두려움이 마음 깊숙이 자리 잡게 되는 것입니다.

생로병사하는 감정이 잘 받아들여지고 수용된다면, 아이의 감정은 긍정적인 영향을 미치고는 기억 저편으로 사라지고 말 것입니다. 하지만 이때 누군가, 무엇인가에 의해 감정이 가로막히게 되면 내면으로 숨어들어서는 언젠가 삶의 다른 시간에 다시 나타나 아이에게 영향을 미치게 됩니다. ♠

슬퍼하라.

하지만 소망이 없는 사람처럼 슬퍼하지는 마라.

슬퍼할 가치가 있는 것이라면

주저하지 말고 슬퍼하라.

· 그랜저 웨스트버그의 《굿바이 슬픔》 중에서 ·

진정으로 내 아이를 사랑하세요?

올해로 심리 상담실을 연 지 어언 16년이 지났습니다. 그동안 참 많은 아이들을, 또 엄마들을 만났습니다. 그러면서 자주 드는 생각이 있었습니다. '우리 엄마들은 자기 자식을 사랑하는 데 참 서투르구나!'라는 생각입니다.

평소에 엄마들이 자녀를 어떻게 대하는지 들어보면 예컨대 이렇습니다. 우리 아이와 옆집 아이가 싸우면 어쨌거나 우리 아이는 야단치고, 옆집 아이는 달래준다고 말합니다. 또 우리 아이와 옆집 아이가 성적표를 받아오면 우리 아이는 떨어진 과목이 무엇인지를 따져 물어서 꾸중하고, 옆집 아이는 올라간 과목이 있나 확인하고는 칭찬을 해준다네요.

그래서일까요? 아이들 말을 빌리자면 우리 엄마가 아닌 옆집 엄마가 우리 엄마였으면 좋겠다고 하더라고요. 이 말을 들으며 쓴웃음이 지어졌습니다. 아마도 우리 엄마는 자기 아이에 대한 기대와 욕심이 크고, 옆집 엄마는 욕심과 기대보다는 그냥 있는 그대로 바라봐주기 때문이 아닐까 합니다. 딱 옆집 엄마처럼만 여유롭게 받아들이고 무심하게 사랑해준다면 아이에게는 어떤 영향이 있을까요? 아마도 지금보다 훨씬 마음 편안하고 건강하게, 자신감 넘치는 아이가 되어있을 것입니다.

내 자식을 사랑하는 데
서툰 엄마들

언젠가 이런 이야기를 들은 기억이 납니다. 신은 이 세상의 모든 사람에게 함께할 수가 없어서 궁리 끝에 '엄마'라는 존재를 보내셨다고요. 유태 격언이라고 하지요. 전 이 말을 들으며 엄마란 바로 그런 존재구나, 라는 생각이 들었습니다. 아이들에게 신 같은 존재, 늘 보살펴주고 힘겨울 때면 내 편이 되어주는 믿음직한 존재 말이지요.

그게 아이 입장에서라면 어떨까요? 어떤 큰 실수를 했더라도 포용해주고 용서해주는 내 편이 있다는 믿음을 가진 아이는 어느 상황에서도 당당하고 자신감 있게 맞설 수 있습니다. 신 같은 존재가 내 편이라니 얼마나 든든할까요. 우리 아이들은 어깨를 펴고 더욱 당당하게 살아갈 것입니다.

아이들은 유리병이나 항아리와 같은 존재입니다. 아주 조심해서 다루어야 하지요. 또한 그 항아리 안에 무엇을 채워주는지에 따라서 아이의 심성도 다르게 만들어진다고 생각합니다. 훗날 우리 아이들이 주위 사람들에게 사랑을 나눌 수 있으려면 아이 자신이 한껏 사랑을 받아야 하는 게 먼저입니다. 그래야 사랑이 자연스럽게 흘러넘치기 때문이지요. 그렇지 않고 조건적이고 한정적인 사랑을 주면서 아이가 버르장머리 없이 자기만 알고 남을 배려할 줄 모른다고 투덜대는 부모가 있습니다. 안타까운 일이지요.

우리가 무언가를 나눈다는 말은 사실 자신 안에 있는 것을 나누어 주는 거지요. 실제로 상담 중에 느낀 것입니다만, 본인이 어려서 사랑을 듬뿍 받지 못했다고 생각하는 엄마들 중에는 자신의 아이에게 사랑을 줄 때에도 자꾸 재고 아까워하는 경우를 보곤 합니다. 심지어 자기 자식한테 사랑을 주면서도 억울하다고 말하는 엄마도 있습니다. 잘 믿기지 않겠지만, 속내를 들여다보면 의외로 많은 엄마들의 모습이기도 합니다.

내 안에 물이 부족한데 자꾸 물을 퍼내면 나조차 바닥이 드러날 것 같은 불안이 있습니다. 그 불안함에 내 아이가 나처럼 무언가 부족한 아이로 성장하면 어쩌나 하는 불안이 더해져 마음이 편하지 않습니다. 그러다 보니 아이에게 퍼주면서도 진심으로 만족감을 느끼기가 어렵습니다. 비록 자신은 받아보지 못했더라도 자식에게는 해주고 싶어 하지만, 그렇게 받고서도 제대로 못하는 아이를 보면 못마땅해 보이기도 합니다. 그래서 아이에게 잔소리를 하고, 짜증을 내고, 끝내는 화를 내는 경우가 많습니다. 엄마도 자녀도 서로 힘들고 괴로운 시간이 이어지지요.

그런 이유로 진정으로 내 아이의 편이 되어주고 사랑을 듬뿍 주려면 무엇보다 엄마 스스로 자신의 편이 되고 자기를 사랑해야 합니다. 그래야 엄마는 자녀들에게 주고 또 주어도 마르지 않는 샘물이 될 수 있고, 자녀들을 온전히 사랑해줄 수 있기 때문입니다.

물론 아이를 진정으로 사랑하고 편이 되어준다는 것이 무조건적으로 다 받아주어야 한다는 뜻은 아닙니다. 어느 정도의 한계 또한 있어야 된다는 점도 부연하고 싶습니다.

사람은 각 연령대에 맞는 발달 과정이 있고, 그 과정에 맞는 자유와 권리와 의무가 있습니다. 각각의 시기에 따르는 자유와 권리를 누리려면 그에 상응하는 의무와 책임도 필요하지요. 엄마가 그 경계를 얼마나 지혜롭게 세워주는지가 중요한 양육 포인트입니다.

일전에 만난 어느 엄마는 자녀가 하나뿐이라 아이가 해달라는 것은 뭐든 다 해주었답니다. 그런데도 이 친구는 집안이 너무 답답하다며 가출을 시도했습니다. 자신이 원하는 사소한 뭔가를 들어주지 않았다는 이유로 말이지요. 이 엄마는, 처음에는 자식을 어찌 키워야 되는지 몰라 그저 자신의 마음 가는 대로 예뻐하고 사랑해주었습니다. 반면에 엄마의 기분이 안 좋을 때는 아이를 때리기도 하고 크게 소리 지르며 야단치기도 했고요. 그러다가 아이가 삐뚤어지기 시작하면서 자신의 양육 방식이 잘못되었다고 느끼고, 자녀 입에서 말이 떨어지기 무섭게 아이의 뜻대로 해주었더군요. 결국 아이는 폭군이 되어 엄마를 때리거나 자기 맘대로 부리며 엄마를 괴롭히더랍니다. 그런 일을 당하고 나서 엄마는 저를 찾아왔습니다.

이 아이는 해도 되는 것과 하면 안 되는 것을 구별할 줄 몰랐습니다. 갑자기 달라진 엄마의 태도에 자신이 어떻게 해야 하는지 알지 못했고, 절제를 배운 적도 없었지요. 그런데 제 욕구대로 행동해도 엄마가 받아주니까 그래도 되나 싶었답니다. 한편으로 자신의 뜻대로 다 들어주는 엄마가 또 마음에 안 들더랍니다. 자신이 잘못하면 꾸중도 하고 올바로 가르쳐주기를 바랐지만, 엄마는 오히려 자신의 눈치를 보더라는 거지요. 그처럼 아들인 자신에게 거리를 둔다고 느껴지자 이제는 정말 화가 나서 더 폭력적이 되더랍니다.

자녀를 사랑하더라도 어려서부터 상황에 맞는 절제력을 길러주고, 자녀의 마음이 다소 불안정해도 부모로서 흔들림 없이 중심을 잘 지키는 것은 아이에게 혼란을 주지 않는 매우 중요한 일입니다. 또한 한때 자녀에게 상처를 주었더라도 그에 대한 후회로서 '앞으로는 절대 과거 같은 행동은 하지 말아야지!' 하는 마음에 극단적으로 정반대되는 행동을 취한다면 자녀에게는 여전히 신뢰하기 힘든 부모로 남을 가능성이 높습니다.

아이를 위해 진정으로 변화를 결심한다면 무엇보다 먼저 내 아이의 음성을 들어야 합니다. 아이가 뭐라고 말하는지 귀를 기울인다면 거기서부터 조용한 변화가 시작될 것입니다. 아이의 말에서 답을 찾아야 하는 것이지요. 그러면 어떻게 해야 할지 몰라 방황하던 마음에서 무엇부터 해야 하는지에 대한 안목이 생길 것입니다.

아이를 사랑하기 이전에 스스로를 사랑하기

아이를 진정으로 사랑하려면 먼저 어머니 자신을 사랑할 수 있어야 합니다. 뜬 구름 잡는 표현처럼 들릴지 모르겠습니다만, 자녀 양육에서 이 같은 태도는 아주 중요합니다. 그와 관련해 제 내담자 중 어느 엄마의 이야기부터 들려드리겠습니다.

이 엄마는 자신이 현재 처한 상황이 단지 지금의 문제가 아니라 먼 과거에서부터 시작되었다는 사실을 깨달았다고 말합니다. 그녀의 남편은 좋은 학교를 나오고 직장이 탄탄한 데다가 성격도 자상해서 더할 나위 없겠다 싶었답니다. 데이트를 하며 곧장 결혼까지 마음먹게 되었지요. 게다가 결혼 전에 그 남자의 어머니가 아프다며 하루에 한 번은 전화로라도 꼭 챙기는 모습에 더욱 신뢰가 갔습니다.

문제는 결혼하고 나서부터였습니다. 남편은 모든 일에 어머니가 최우선이었고, 아내인 자신은 늘 뒤로 밀렸습니다. 시어머니가 병약하시니 결혼 초기에는 좋게 받아들이자는 생각에 잘 맞춰주고자 노력했습니다. 하지만 그 같은 상황이 쭉 이어지자 자신의 존재감은 없어지고 시댁에서 자신을 무시하는 것 같은 느낌도 받았답니다. 부부 사이의 불화가 계속되었고요. 그로 인한 스트레스로 짜증 내거나 화내는 일도 많아져 아이가 초등 고학년밖에 안 됐는데 벌써 엇나갔다는 말이 나올 정도였습니다.

무릇 집안 어른인 어머니가 편찮으면 자녀들은 불안한 마음에 모든 것을 어머니에게 맞추려는 경향이 있습니다. 그 같은 습관은 결국 자신의 결혼 생활과 자녀 양육에까지 영향을 미치게 되지요. 그녀의 남편 또한 같은 경우였습니다. 그러고 보면 좋은 엄마란 심신의 건강을 통해서도 자녀에게 안정을 주어야 한다는 생각이 듭니다.

마음이 건강하지 않은 엄마가 자녀에게 부정적인 영향을 끼치는 경우는, 문제 증상을 드러내는 아이들에게서 찾아볼 수 있습니다. 문제아동 뒤에는 문제 부모가 있다는 말은 이를 두고 나온 표현이지요.

엄마들이 심신을 건강하게 유지하는 방법 중 가장 기본은 '자신을 사랑하라!'입니다. 상담을 하면서 내담자들에게 "자신을 진정으로 사랑하세요?"라는 질문을 해보곤 합니다. 여기에 마음이 건강하지 않은 사람들은 '자신을 사랑한다'는 말이 어떤 의미인지를 되묻는 경우가 많습니다. 참 안타깝습니다. 그들은 방법을 몰라서도 자기를 사랑하지 않고 있으니까요. 그러면 자신에 대한 사랑은 어떤 의미일까요?

자신을 사랑한다는 게 무슨 말이냐는 질문은 부모 역할 교육 중에도 많이 받습니다. 요즘은 힐링의 관점에서 '자신을 사랑하기'라는 말이 트렌드처럼 여겨지기도 합니다. 하지만 정작 자기 사랑하기를 실천해보라고 하면 '무엇을, 어떻게?'라는 데서 막히고 맙니다.

여러분은 정말 자신을 사랑하며 살고 있나요? 그저 다른 사람들이 나를 사랑해주기를 바라는 것은 아닐까요? 혹은 자기 사랑의 참뜻을 오해하고 있지는 않나요?

자신을 사랑하라고 하면 많은 분들이 이기적이 되라는 말과 혼동해 받아들입니다. 한편으로 이기적이라는 말을 듣는 것을 다들 꺼리고 있지요. 주위의 그 같은 평가에 대해 두려움을 갖거나, 자신의 이기적인 모습에 대해 죄책감을 갖기도 합니다. 그러니 어떻게 자신을 사랑할 수 있을까요?

이기적인 사랑과 자신을 사랑하는 것은 분명히 다릅니다. 이기적인 사랑은 자기 식대로만 사랑하는 것을 말합니다. 아무리 다른 사람을 사랑한다 하더라도 그게 자기 방식의 사랑을 고집하는 거라면 이기적인 사랑이지요.

예를 하나 들겠습니다. 영우 엄마의 학력은 고졸입니다. 하지만 학원에서 아이들을 가르치는 일을 하고 있지요. 그러다 보니 자신의 학력이 무척 신경 쓰입니다. 평소에 스트레스도 많이 받습니다. 뒤늦게 공부를 시작했어도 이미 많이 늦었다는 생각이 자꾸 앞섭니다. 그래서 아이에게 자신과 같은 아픔을 주지 않기 위해 공부에 최우선 순위를 두었지만, 정작 아이는 공부보다는 축구를 더 좋아합니다. 방과 후나 시간이 날 때마다 친구들과 몰려다니며 축구를 즐깁니다. 본인 스스로도 매우 만족하고 있지요.

물론 엄마는 아이가 축구를 하게 놓아두지 않습니다. 하루, 일주일, 한 달 일과를 모두 정해놓고 아이가 지키지 않으면 큰소리로 꾸중하거나 화를 냅니다. 그러면서 끝말은 늘 "이게 나 좋으라고 그러는 거야? 다 너 위해서 하는 일이지. 이렇게 해주려면 엄마가 얼마나 힘든 줄 알아?"라고 덧붙입니다. 아이는 이렇게 말하는 엄마가 너무 싫습니다. 이제 엄마의 이야기는 잔소리 이상의 그 무엇도 아니라는 생각에 들으려고도 하지 않습니다.

엄마 입장에서는 자신과 같은 아픔을 아이가 겪을까봐 불안합니다. 한편으로는 자신의 부족함을 아이에게 대신 채우려고 합니다. 다시 말해, 엄마의 감정과 생각으로 아이를 옭아매고는 아이가 그 문제를 풀어내기를 강요하고 있습니다. 그러면서 엄마 자신은 아이를 위해 모든 것을 희생하고 있다고 믿습니다. 실제로 애쓰고 희생하고 노력하는 것은 맞습니다.

하지만 엄마는 전혀 행복하지 않습니다. 엄마의 행복은 오로지 아이가 자신의 말에 순종하고 그 결과 좋은 성적을 받아왔을 때뿐입니다. 물론 그것도 잠시, 이내 다음 시험 준비를 해야 하고 엄마는 또다시 마음이 조급해집니다. 그녀는 본인이 이런 쳇바퀴 속에서 계속 돌고 있다는 사실을 이해할까요? 영우 엄마는 아이를 많이 위하고 사랑한다고 믿고 있지만, 그건 어디까지나 자기가 원하는 방식의 사랑에 불과합니다.

그러면 영우 엄마가 자신을 진정으로 사랑하려면 어떻게 해야 할까요? 그녀는 고졸 학력이 자신이 현재 하고 있는 일의 걸림돌이자 열등감이 된다는 사실을 상담을 통해 깨달았습니다. 아이의 성적에 집착해 아이를 닦달하고, 그러면 그럴수록 아이와 점점 더 멀어지고 힘들어진다는 것도 알게 되었습니다. 본인이 힘들고 괴롭지만 아이 또한 마찬가지라는 사실을 이해한 그녀는 마침내 변화를 결심하게 됩니다.

그녀는 우선 학력 콤플렉스에 대해 고민한 끝에 사이버 대학에 진학하기로 했습니다. 자신이 대학에 들어가 공부하는 모습을 아이들에게 직접 보여주거나, 아이들과 함께 공부하면서 공감대도 넓히게 되었습니다. 이것만으로도 큰 효과가 있었습니다. 학사라는 학력이 자신감을 더 갖게 하였고, 공부의 어려움을 아이들과 함께 나누기도 하며 눈높이도 맞출 수 있었습니다.

가장 좋았던 것은 그동안 혼자서 책임지던 일과 양육의 어려움에서, 학업을 계기로 남편의 도움을 이끌어내게 되었다는 점입니다. 남편은 원래 가사와 아이들 일은 아내에게 모두 맡기는 게 아내를 위해서도 좋을 거라 여겼던 터였습니다. 하지만 이제 부부가 함께 의논하며 책임지게 되자 그녀의 마음에도 여유가 생겼습니다. 그처럼 자신감과 삶의 여유가 생기자 직장일도 더 수월해지고 삶이 즐겁다는 생각마저 들었습니다.

그녀가 자신의 부족한 부분을 스스로 채워나가자 모두가 편안해졌습니다. 자신이 책임져야 할 부분을 책임지는 것, 자신의 문제를 스스로 해결해나가는 것, 이 일련의 과정이 자신을 사랑하는 방법 중 하나라고 할 수 있습니다. 자신의 영역을 잘 지키고 관리하며, 타인의 영역 또한 마음 편히 그대로 인정해주기, 이 또한 자신을 사랑하는 일일 것입니다. ♠

현명하고자 한다면

현명하게 질문하는 방법과

주의 깊게 듣는 태도,

그리고 더 이상 할 말이 없을 때

침묵하는 방법을 알아야 한다.

· 레프 톨스토이 ·

부모가 믿는 만큼 성장하는 아이들

인터넷에서 접한 한 어머니의 사연부터 말씀드릴까 합니다. 여느 아이들에 비해 많이 부족하다고 여겨지는 아이일수록 어머니의 역할이 얼마나 소중한지를 새삼 느끼게 되는 글입니다.

한 어머니가 어린이집 모임에 참석하였습니다. 어린이집 선생님은 그 어머니의 아이에 대해 이렇게 말합니다.

"아드님은 산만해서 단 3분도 가만히 앉아있지 못해요."

하지만 어머니는 아들과 집으로 돌아오는 길에 말했습니다.

"선생님께서 너를 무척 칭찬하셨어. 의자에 앉아있는 걸 1분도 못 견디던 네가 이제는 3분이나 앉아있다고 칭찬하시네. 다른 엄마들이 모두 엄마를 부러워하더구나!"

그날 아들은 평소와 달리 밥투정을 하지 않고 밥을 두 공기나 뚝딱 비웠습니다. 시간이 흘러 아들은 초등학교에 들어갔고, 학부모회에 참석한 어머니에게 선생님이 말했습니다.

"아드님 성적이 몹시 안 좋아요. 검사를 한번 받아보세요."

이런 말을 듣자 어머니는 눈물이 왈칵 쏟아졌습니다. 하지만 집에 돌아와서는 아들에게 전혀 내색하지 않습니다.

"선생님께서 너를 믿고 계시더구나. 넌 절대 머리가 나쁜 학생이 아니라고, 조금만 더 노력하면 이번에 21등 한 네 짝도 얼마든지 제칠 거라고 하셨어."

어머니의 말에 아들의 어두웠던 표정이 환하게 밝아졌습니다. 훨씬 착하고 의젓해진 듯했습니다. 또 아들이 중학교를 졸업할 즈음에는 담임선생님이 이렇게 말했습니다.

"아드님 성적으로 명문고에 들어가는 건 좀 어렵겠습니다."

이번에도 어머니는 교문 앞에서 기다리던 아들과 함께 집으로 가며 이렇게 말합니다.

"담임선생님께서 너를 무척 자랑스럽게 생각하시더라. 네가 조금만 더 열심히 하면 명문고에도 들어갈 수 있다고 하셨어."

이러한 믿음 덕분인지 아들은 끝내 명문고에 들어갔고 나중에는 뛰어난 성적으로 졸업했습니다. 그리고 명문 대학 합격통지서를 받았습니다. 아들은 대학 입학허가서가 든 우편물을 어머니의 손에 쥐어드리고는 엉엉

울며 이렇게 말했습니다.

"어머니! 제가 똑똑한 아이가 아니란 건 저도 잘 알아요. 어머니의 격려와 사랑이 오늘의 저를 만든 거예요. 고맙습니다, 어머니!"

– 사랑밭 새벽편지(www.m–letter.or.kr) 등 참고

이 글은 우리나라 최초의 범죄심리분석관인 표창원 경찰대 전 교수님이 소개한 실화로 알려져 있습니다. 아주 보석 같은 내용이지요.

돌이켜보건대 이 엄마는 어떤 마음이었을까요? 자기 자식이 많이 부족하고 문제가 있다, 뒤처진다는 말을 듣고 마음이 좋을 엄마는 아마 단 한 명도 없을 것입니다. 그런 비슷한 말을 들으면 대다수 부모의 마음은 속상하고 화도 날 테지요. 이 세상에는 아이들 수만큼이나 많은 부모들이 있습니다. 그리고 그 부모들은 자신의 자식이 누구보다 자랑스러운 대상이기를 바랍니다. 공부를 잘하고, 운동을 잘하고, 학교에서 친구 관계도 좋기를 바라지요. 게다가 이런 자식이 품성마저도 훌륭하다는 말을 듣기를 원합니다.

하지만 현실은 어떤가요? 한 학교에, 한 반에 1등은 한 명입니다. 회장이나 반장도 한 명씩입니다. 그런데도 우리 이웃에는 만나는 부모마다 자신의 아이가 1등이라고, 회장이라고 자랑을 늘어놓습니다. 정작 내 아이는 중간 어디쯤에 있는데 말이지요. 이럴 때 엄마의 속마음은 어떨까요? 추측이 어렵지 않을 듯합니다. 상위 몇 등 이내의 엄마를 제외하고는 많은 엄마들이 한번쯤 느껴보았을 테니까요.

그 상위 몇 명의 아이 외에 대다수의 아이, 다시 말해 남들보다 부족하고 뒤처지고 문제가 있는 아이에게 엄마는 대체 어떻게 대해야 할까요? 앞에서 소개한 어머니의 에피소드가 좋은 참고가 될 것 같습니다. 여러분은 이 글을 읽고 어떤 생각을 하셨나요? 그래서 마음은 어떠신가요?

저는 이 글에서 한 어머니의 감동적인 사연 그 너머에 자녀 양육의 철학이 담겨 있음을, 그래서 아이의 성장 기간 내내 일관되게 자식에게 영향을 미쳤다는 사실에 주목하고 싶습니다. 이 어머니의 자녀 양육 철학은 아이에 대한 무한한 신뢰라고 생각합니다. 나의 아들에게는 당장 눈에 보이는 문제 행동이 전부가 아니라는 사실, 엄마인 내가 믿고 기다려주는 만큼 얼마든지 더 성장할 수 있는 아이라는 진정한 믿음 말이지요.

당장의 모습이 내 아이의 전부는 아니다

사실 이 어머니의 믿음은 믿음만으로 그치지 않았습니다.

먼저, 아이에게서 선생님들이 본 것은 내 아이의 전체가 아니라 일부분에 불과하다는 믿음이 있었습니다. 여기에 어머니는 아이의 미래를 열어주고 이끌어주는 긍정의 말을 끊임없이 건넸지요. 그렇게 믿고, 이끌어주면 언젠가는 반드시 답을 할 거라는 자기 확신이 있었습니다. 쉽지만은 않은 일이지요.

만일 이 어머니가 선생님들의 말을 아예 부정하거나 곧이곧대로 받아들였다면 어땠을까요? 집으로 돌아와서는 아이에게 "치, 뭐 그런 선생이 다 있어. 내 아들을 뭘로 보고 함부로 말하는 거야!"라며 선생님을 비난하거나 "너희 담임이 오늘 너보고 뭐라고 하셨는지 알아? 넌 어째서 엄마가 그런 소리나 듣게 하고 다니는 거야!"라며 자식에게 화풀이를 했을지도 모릅니다.

문제가 있고, 부족하고, 어딘가 모자란 아이를 두고 속상해하고 화를 내는 일은 너무나 쉽습니다. 반면에 내 자식의 현실을 냉철하게 받아들이는 일은 어렵습니다. 게다가 그 현실에서 자식의 긍정적 미래를 찾아내는 일은 더더욱 어렵습니다. 아이의 어머니가 아니라면 도무지 가능하지 않을 것 같습니다.

어머니가 아이에게 긍정적인 반응을 보이기 위해서는 확고한 생각이 있어야 합니다. 자신의 판단을 믿고, 또 자식을 믿어야만 나올 수 있는 양육 태도이지요.

"아드님은 산만해서 단 3분도 가만히 앉아있지 못해요."

어머니는 선생님의 이 지적을 그냥 흘려듣지 않았습니다. 내 소중한 아이에 대한 평가이니 곰곰이 되새겨보았을 테지요. 그리고는 2분의 차이를 발견해냈습니다. 그전에는 단 1분도 제대로 앉아있지 못했다는 사실을 떠올린 어머니는 선생님의 말에서 아이가 조금씩 나아지고 있다는 긍정의 변화를 찾아낸 것입니다.

이는 평소 아이에게 세심한 관심을 두지 않으면 쉽게는 읽어내지 못할 차이입니다. 어머니의 긍정적인 반응은 그 같은 세심한 사랑이 있었기에 가능했을 테고요. 거기에 더해, 이 어머니는 아들에 대한 믿음을 다른 사람들이 부러워하고 자랑스러워한다는 말로 바꾸어 표현하는 지혜를 발휘했네요. 부모에게 자랑스러운 자식이 되고 싶어 하는 마음은 거의 모든 자녀들의 바람이기도 합니다. 자신의 그런 작은 변화에도 자랑하는 부모님이라면 자식에게는 어떤 마음이 들까요? 그리고 어떤 행동을 선택하게 될까요?

세상에서 아이에 대해 가장 잘 아는 이는 바로 어머니입니다. 그런 어머니가 믿고, 기다려주고, 이끌어주지 못한다면 아이는 어쩌면 삶의 소중한 기회들을 그냥 잃어버리고 말지도 모릅니다.

아이의 가능성을
현실로 만들어주려면

또한 이 어머니는 아이에게 무리한 목표를 바라지 않았습니다. 단지 아주 작은 목표로서 1분에서 3분을, 전교가 아니라 반에서 21등 정도를, 명문고에 입학하기 어려운 성적에서 명문고에 들어갈 수준의 향상을 아들에게 말해준 것입니다. 나를 정말 자랑스럽게 여기는 어머니에게 내가 조금만 더 노력해서 이룰 수 있는 희망이 있다면 우리는 어떻게 할까요? 그 같은 엄마의 작은 바람을 아예 외면하고 말 자식은 사실 거의 없습니다.

이 예화 속 어머니의 지혜는 바로, 조금만 더 열심히 하면 충분히 달성 가능한 목표를 만들어주었다는 데 있습니다. 지금 당장은 보이지 않을 뿐인 아이의 가능성에 대한 믿음을 바탕으로, 그 가능성을 현실로 만들기 위해 아이를 어떻게 이끌어야 하는지를 알고 실천에 옮긴 것이지요.

진정 뛰어난 조각가는 돌이나 나무 작품을 구상할 때 한참을 들여다보며 그 재료와 대화한다고 합니다. 그러면 돌이나 나무 같은 재료에서 자신이 드러내고 싶은 것을 말하는 소리가 들린다지요. 조용한 침묵 속에 재료의 소리를 듣고서야 비로소 조각을 시작하는 것입니다. 조각을 하면서도 자신이 원하는 형상을 드러내기 위해 칼이나 정을 대는 게 아니라, 그들이 필요 없다고 말하는 부분을 하나하나 덜어내다 보면 어느새 형상이 드러나며 작품이 완성된다고도 합니다. 얼이 담긴 예술품은 재료의 소리에 귀 기울이는 교감이 있어야만 가능하다는 가르침이 아닐까 합니다.

예술가가 자신이 원하는 바를 조각하는 게 아니라 재료 그 자체의 모습을 찾아내주듯이, 부모가 자식을 키우는 참뜻은 아이 본래의 모습을 찾아주는 데 있지 않을까 싶습니다. 아이와의 교감은 그래서 필요한 것이지요. 부족한 부분은 채워주고, 불필요한 부분은 덜어주며 그 과정을 인내하고 지켜봐주는 게 부모의 역할이라고 믿습니다. 아이가 자신의 목적지에 잘 도착할 수 있도록 말이지요.

아이의 지금 모습은 이게 전부가 아닙니다. 당장은 많이 부족하고, 서투르고, 다루기에도 많이 힘겨울 테지만, 그럴수록 엄마에게 분명한 자녀 양육 철학이 있는지 여부는 중요합니다. 아이가 목표에 이르기까지 오랜 시간 동안 한결같은 마음으로 바라봐주고, 응원해주는 엄마가 있으면 아이에게는 큰 축복일 것 같습니다. 언제가 됐든 아이는 틀림없이 자신의 꽃을 피우게 될 것입니다. ♠

엄마가 알아야 할 5가지 사랑의 언어

부모 교육을 하면서 부모님들에게 자주 묻는 질문이 몇 가지 있습니다. 그중의 하나가 "여러분은 자녀를 사랑하십니까?"입니다. 그렇게 물으면 열에 아홉은 그렇다고 대답하지요. 나머지 한 분 정도가 '왜 그런 당연한 질문을 하지?'라며 의아해하는 눈빛으로, 혹은 '내가 정말 자녀를 사랑하나?'라는 자문자답 모드를 보입니다. 저는 다시 그렇다고 대답한 분들에게 묻습니다.

"여러분의 자녀 사랑이 100이라면, 여러분 자녀들은 그 사랑을 100만큼 그대로 받는다고 생각할까요?"

이 질문에 대다수 부모들은 답이 없습니다. 아주 간혹 "네."라고 답하는 분들이 있는데, 그분들은 대체로 어린 자녀를 둔 경우입니다.

자녀를 사랑하지 않는 부모는 없을 테지요. 세상의 모든 부모들은 나름대로 자녀를 사랑합니다. 그런데 부모가 자녀를 사랑하는 방식과 행동이 자녀에게도 똑같이 사랑으로 받아들여지는 것은 아닙니다. 어떤 것들은 분명한 사랑으로 받아들여지는가 하면, 또 어떤 것들은 사랑으로 받아들여지지 않습니다. 다시 말해 부모의 사랑과 관심이 자녀에게 그대로 전해지고 인정되는 게 아니라는 말이지요.

왜 그럴까요? 부모인 우리는 100만큼의 에너지를 들여 자녀를 사랑한다고 믿는데 자녀들은 왜 그만큼의 사랑을 받는다고 느끼지 못하는 걸까요?

이 질문의 답과 관련해 아이들이 어린 시절에 가지고 놀던 장난감이 떠오릅니다. 나무나 플라스틱 재질의 장난감 통으로 윗부분에는 각종 도형 모양의 구멍이 나있습니다. 별 모양, 삼각형 모양, 원 모양, 사각형 모양, 반달 모양 등의 구멍이 있고 그 모양에 일치하는 조각이 별도로 있지요. 같은 모양의 도형을 구멍에 넣음으로써 유아들에게 입체 감각과 인지 능력을 길러주는 장난감입니다. 이 장난감의 특징은 같은 모양의 도형이 아니면 절대 들어가지 않는다는 것입니다. 아무리 애를 써도 맞춰지지 않습니다. 힘은 힘대로 들고, 장난감은 장난감대로 흠집이 날 수 있습니다. 마치 부모의 코드가 맞지 않는 사랑처럼 말이지요.

사람에게는 나름대로 각자의 사랑 모양이 있습니다. 그 생김새는 지극히 개인적이라서 그가 사랑으로 지각하는 독특한 모양의 코드가 있는 것이지요. 어떤 사람에게는 별 모양의 코드가, 또 어떤 사람에게는 달 모양의 코드가 있습니다. 이것들은 서로 맞는 모양끼리 짝을 맞출 때 가장 잘 받아들여집니다. 자신이 원하는 모양을 받을 때에는 사랑이라고 느끼지만, 원하는 모양이 아니라면 사랑을 못 느끼거나 상대가 준 사랑보다 훨씬 적다고 느낄 수 있습니다. 사랑의 불일치, 혹은 왜곡이 생기는 것이지요.

그러면 어떻게 해야 할까요? 자녀에 대한 부모의 사랑은 사랑 맞추기를 잘했을 때 가장 잘 전달되고 효율이 높아지게 됩니다. 아주 간단한 예를 들자면, 아이가 부모에게 달라붙어서 얼굴을 쓰다듬는다든지, 뽀뽀해 달라고 조른다든지, 혹은 엄마 손을 잡고 손등을 쓰다듬는 행동을 할 때 이 아이는 나름대로 엄마에게 사랑을 전하고 있습니다. 그런데 다 그런 것은 아니지만, 이때 어떤 엄마들은 아이를 귀찮아하며 밀쳐냅니다. 바로 두 사람 간 사랑 코드의 차이, 즉 사랑을 느끼는 모양이 맞지 않아서지요.

사람들은 본인에게 익숙하고 편하기 때문에 주로 자신의 코드에 맞는 사랑을 주지만, 사랑을 받을 때도 자신에게 코드가 맞아야만 거부감 없이 잘 받아들일 수 있습니다. 그런데 두 사람이 각자의 사랑 코드를 고집하면 어떻게 될까요? 둘의 사랑에서, 이것을 어느 한쪽이 수용할 수 있어야 사랑을 주고받는 효율도 높아지는 법입니다. 아이든 엄마든 말이지요.

사랑은 5가지 언어로 상대에게 전달된다

미국의 교육심리학자 게리 채프먼은 그의 저서《5가지 사랑의 언어》에서 사람이 고유의 언어 체계를 가지고 의사소통을 하듯이 사랑을 전하는 데도 독특한 방식이 있다고 말합니다. 그의 주장에 따르면 사람은 사랑을 느끼는 자신만의 방식이 있고, 크게는 다섯 가지 방법으로 사랑을 이해하고 표현합니다. 각 개인은 자신에게 가장 잘 맞는 제1의 사랑의 언어를 가지고 있으며, 누군가가 그 사랑의 언어를 구사해줄 때 사랑을 가장 많이 느낀다고 하지요. 사랑의 그릇이 충분히 채워지고, 안정감을 느끼며, 모든 면에서 자신의 능력을 최대한 발휘할 수 있게 되는 것입니다.

이는 부모와 자녀 관계에서도 마찬가지입니다. 부모는 본인들이 아이를 굉장히 사랑하고 있다고 믿지만, 정작 아이들은 그만큼 사랑받고 있다는 느낌을 못 받습니다. 그 같은 괴리를 게리 채프먼은 사랑의 언어 차이로 설명합니다.

그가 말하는 첫 번째 사랑의 언어는 '육체적인 접촉'입니다.

육체적인 접촉이 제1의 사랑의 언어인 아이들은 부모에게 안아 달라거나 뽀뽀해 달라고 조릅니다. 또 엄마나 아빠의 무릎 위에 앉으려고 애를 씁니다. 엄마, 아빠의 손을 잡으려고 칭얼대거나 어깨를 가볍게 두드려주기를 바라기도 합니다. 쉽게 말해 부모와의 스킨십을 좋아하는 것이지요.

사랑의 언어 중 두 번째는 '인정하는 말'입니다.

엄마나 아빠, 혹은 주위 사람들에게 자신의 존재에 대해 확인하고 싶어 하는 아이들은 이것이 제1의 사랑의 언어입니다. "엄마, 나 예뻐?", "나 어때요?" 같은 말로 확인받고 싶어 하지요. 여기에 대해 "우리 아들(딸) 장하네!", "언제 봐도 역시 우리 딸(아들)이 최고야."처럼 인정하는 말을 해주면 기쁨을 감추지 못하곤 합니다. 부모나 주위의 칭찬에 기분이 좋아지고 사랑을 느끼는 것입니다.

세 번째 사랑의 언어는 '함께하는 시간'입니다.

함께하는 시간이 제1의 사랑의 언어인 사람들은 누군가와 같이 있기를 좋아합니다. 부모가 곁에 있어주는 것만으로도 사랑의 충만을 느끼는 아이들이 그렇습니다. 이 아이들은 "엄마, 나 놀 때 옆에 있어주면 안 돼요?"라고 요구합니다. 자기가 공부할 때 옆에 앉아서 책을 읽거나 소일하는 부모를 좋아하는 아이도 마찬가지입니다. 부부지간에도 이런 사람들이 있습니다. 휴일에 일 때문에 출근해야 한다면 함께할 시간을 빼앗기기 때문에 아주 싫어하지요. 그 대신에 이 사람들은 옆에만 있어줘도 만족하고 좋아합니다. 함께하고 있다는 사실 자체로 사랑을 느끼기 때문입니다.

네 번째 사랑의 언어는 '선물'입니다.

아이나 어른이나 선물이 제1의 사랑의 언어인 사람들은 흔히 자신만의 보물 상자를 가지고 있습니다. 그 속에는 자신의 추억이 어린 물건들이 담겨 있지요. 예전에 누군가 선물한 것에 나름의 의미를 담아 소중하게 보관하는 것입니다. 굳이 비싸고 좋은 선물이 아니라 저렴하고 보잘것없는 선물이라도 아주 귀하게 여기고 좋아합니다. "이 머리끈은 아빠가 ○○에 다녀오실 때 사다주신 거야."라며 특별한 의미를 부여하고, 사랑을 음미하지요.

마지막으로 다섯 번째 사랑의 언어는 '봉사'입니다.

봉사가 제1의 사랑의 언어인 사람들은 다른 사람들이 나를 위하여 희생하고 베풀어준 것에 큰 의미를 둡니다. 예를 들자면 수업이 저녁 늦게 끝난 날 학교 정문이나 버스정류장까지 마중 나오는 부모님에게 사랑과 안정을 느끼는 타입이 그렇습니다. "너를 위해 ○○을 했어."라는 말에 쉽게 감동받는 이들 또한 바로 그렇지요.

내 아이는 어떤 사랑을 바랄까?

이들 5가지 사랑의 언어 중에 각자가 사랑으로 느끼는 언어는 단 하나가 아닙니다. 가장 크게 영향받는 사랑의 언어가 하나씩 존재하고, 그 외 것들도 함께 좋아할 수 있는 것이지요. 다시 말해 제1의 사랑의 언어가 상대를 충분히 채울 만큼 큰 사랑을 전하는 한편으로, 나머지 사랑의 언어는 충분히 채우기보다는 조금 모자라고 갈증을 느끼는 정도라는 의미입니다.

많은 부모들, 그리고 부부지간에도 본인의 제1의 사랑의 언어를 표현하면서 상대에게 서운해하고 원망합니다. 제 마음처럼 받아주지 않는다고 말이지요. 하지만 사랑을 주고받을 때 가장 중요한 것은 바로 그 사랑을 받는 상대의 마음입니다. 자기 방식대로 사랑을 주고, 자기 방식대로 사랑을 받으려고만 한다면 그 사랑이 온전히 전해질 리 없을 테지요.

〈소와 사자의 사랑 이야기〉라는 우화가 바로 그 같은 경우입니다. 아시는 분도 있을 텐데 다시 한 번 들려드리겠습니다.

옛날에 소와 사자가 서로를 보자마자 첫눈에 반했습니다. 소는 자신에게 없는 사자의 용맹하고 늠름한 모습에 흠뻑 빠졌고, 사자 또한 조용하고 여유롭게 들을 거니는 소의 평온한 모습에 사랑을 느끼게 되었지요. 그래서 둘은 백년해로를 언약하였습니다.

서로를 너무나 사랑한 소와 사자는 상대에게 최선을 다해 헌신했습니다. 하지만 노력하면 할수록 사자는 화가 나서 견딜 수가 없었습니다. 소 역시 아무리 노력해도 사자가 무서워 더 이상 어쩔 도리가 없는 지경이 되어버렸습니다. 서로에게 헌신을 다했는데 어째서 이런 상황이 되었을까요?

사자는 사랑하는 소에게 날마다 싱싱한 고기를 구해주고자 사냥에 여념이 없었습니다. 방금 잡은 피가 뚝뚝 흐르는 고기를 말이지요. 사자는 아내가 기뻐할 것을 상상하며 지친 몸으로 사냥터에서 돌아왔습니다. 한편 소 또한 사랑하는 사자에게 자신이 해줄 수 있는 최고의 식탁을 차려주고자 했습니다. 들에서 가장 싱싱하고 맛난 풀을 모아 진수성찬의 밥상을 차리고 사자를 기다렸지요.

그런데 막상 사자가 돌아오는 소리에 반가워하며 문을 나선 소는 기겁을 하고 도망쳤습니다. 사자의 손에는 좀 전에 자신이 싱싱한 풀을 찾아 헤맬 때 장소를 알려준 기린이 피를 흘리며 놓여있었던 것입니다. 자신을 보고 도망가는 소를 향해 사자는 더욱 큰 소리로 불러댔습니다. 그러면 그럴수록 소는 더 무서워하며 몸을 숨기기에 바빴지요. 결국 둘은 더 이상 서로의 사랑을 기대할 수 없다는 생각에 헤어지고야 말았습니다.

사자와 소는 각자의 입장에서 최선을 다해 사랑했지요. 하지만 그것은 상대가 원하는 방식이 아니라 자신이 믿는 방식의 사랑이었습니다. 이른바 이기적인 사랑입니다. 이기적인 사랑은 상대를 다치게 하고 마침내는 자신도 다치게 됩니다.

다시 부모의 사랑으로 돌아오겠습니다. 엄마인 나의 제1의 사랑의 언어는 무엇일까요? 내 아이가 느끼는 제1의 사랑의 언어는 무엇일까요? 그리고 내 남편의 제1의 사랑의 언어는 또 무엇일까요? 나 그리고 우리는 상대에게 맞는 언어로 사랑을 주고받고 있을까요?

제1의 사랑의 언어가 무엇인지를 아는 것은 평소보다 문제 상황에 처했을 때 더 큰 도움이 됩니다. 아무 일이 없을 때라면 어떤 사랑의 언어를 구사하더라도 크게 영향받지는 않습니다. 하지만 아이나 가족이 많이 힘들고 지쳤을 때 상대의 제1의 사랑의 언어로 보듬어준다면 큰 힘이 될 것입니다.

상대가 원하는 사랑을 줄 수 있느냐에 따라 사랑은 더욱 크게 가닿을 수도, 아니면 구속으로 느껴질 수도 있습니다. 사랑은 나를 위해 주기보다는 상대를 위해 주어야겠지요. 그렇게 기왕에 상대를 위해 주는 사랑이라면 상대가 원하는 것을 주는 게 가장 좋지 않을까요?

아마도 그 사랑은 주는 만큼 울림을 크게 만들어 내게로 되돌아올 것입니다. ♠

아이의
마음에 난 상처 치유하기

민정이 엄마는 "아이가 너무 싸가지가 없다."고 아이가 옆에 있는데도 대놓고 험담합니다. "정말 못되먹었다."라고도 합니다. 자식을 위해 그처럼 힘들게 사는 엄마에게 어떻게 '너, 니'라고 말할 수 있느냐고요. 앞뒤를 자르고 이 말만 들으면 정말 철딱서니 없고 버르장머리 없다는 생각을 하게 됩니다.

그런데 이 엄마는 어쩌다 이런 하소연까지 하게 되었을까요? 대체 아이는 무엇 때문에 그런 말이며 행동을 하게 되었을까요? 어머니와 차근차근 이야기하며 그 원인이 어디에 있는지를 곰곰이 생각해보았습니다.

민정이는 엄마와 마주쳐도 얼굴을 쳐다보지 않습니다. 인사는 물론 아는 척도 하지 않습니다. 차에 타도 엄마 옆 조수석이 아니라 뒷자리에 앉아 귀에는 이어폰을 끼고 눈은 감고 있습니다. 잠을 자는지 음악을 듣는지 모르지만 엄마를 마치 투명인간 대하듯이 합니다. 게다가 자기에게 무언가 필요한 게 있으면 아무 때나 툭 말을 던지고 내놓으라고 합니다. 엄마에게 무엇을 맡겨놓기라도 한 것처럼 말이지요. 돈이 필요할 때만 엄마를 찾고는 볼일이 끝나면 제 방문을 "쾅!" 닫으며 들어가 버립니다.

아무리 엄마라도 이런 아이를 상대하기란 쉽지 않습니다. 아이들의 그 같은 태도를 이성적으로 판단하고 받아들이기에 앞서 화부터 치밀어오릅니다. 그러니 자녀를 이해하려는 마음을 먹기란 참으로 어렵습니다. 마치 엄마가 어디까지 화가 나는지를 시험하는 것 같습니다. 그러면서 아이는 엄마에 대한 마음을 닫아버리지요.

아이들의 이러한 태도에는 분명히 문제가 있고 변화가 필요합니다. 하지만 그 원인을 아는 게 우선입니다. 그래야 올바른 대처 방법을 찾을 수 있습니다. 우리 아이들은 왜 그런 양상을 보이게 될까요?

마음의 상처가 있는 아이,
그리고 엄마

아이들의 태도나 말을 유심히 지켜보면 감정 상태를 파악할 수 있습니다. 민정이 같은 경우는 현재 엄마에게 화가 많이 나있다는 것을 알리는 행동입니다. 그러니까 일종의 자기표현이지요. 이렇듯 행동이나 태도의 의미를 정확하게 파악하고 다가선다면 아이들과 대화를 나눌 여지가 생깁니다. 일단은 아이가 무엇 때문에 화가 났는지, 어떤 게 불만인지 들어볼 필요가 있습니다.

민정이 엄마와 민정이는 아이도 엄마도 몹시 화가 난 상태입니다. 서로의 말과 행동에 화가 잔뜩 들어있습니다. 그렇게 서로에게 화가 나있으니 둘 중 하나가 한 걸음 물러서서 상대를 이해하고 받아줄 마음은 아직 없겠지요.

사람은 자신의 마음속에 무언가 부정적인 감정이 가득 차있으면 바로 내 앞에서 일어나고 있는 일이라도 제대로 분별할 수 없게 됩니다. 엄마건 자녀건 마찬가지이지요. 그러고는 모든 현상을 자신의 감정에 비추어 판단합니다. 어디까지나 나는 억울하니까, 내가 화나는 건 당연하니까, 그런 상태인 나에게 함부로 말하고 행동하는 것은 상식에 어긋난다고 여기는 것이지요.

자연히 상대는 몰상식한 인간이 되고 맙니다. 이 같은 과정이 몇 번만 더 반복되면 이제는 선입견이 생겨 상황을 아무리 냉철하게 판단하려 해도 쉽지 않습니다. 이미 기초가 기울어진 건물과 다를 바 없습니다. 모든 것이 삐딱하게 보일 수밖에요. 보고 있어도 제대로 보지 못하고, 듣고 있어도 제대로 듣지 못하는 현상이 일어납니다. 서로 간에 소통이 불가능해지는 것입니다. 그래서 아이도, 엄마도 상대의 말을 듣지 않는다든지 무슨 소리인지 모르겠다고 하는 말들을 주고받으며 답답해합니다.

이 상황에서 엄마는 어떻게 대처하여야 할까요? 함께 고민해보기로 하지요. 일단 엄마와 아이 사이에서 잘잘못의 선후를 따지는 것은 아무런 도움이 되지 않습니다. 그 같은 판단은 일종의 승패 게임입니다. 어느 한쪽이 무릎을 꿇지 않으면 끝나지 않는 일이 되어버립니다. 부모와 자식 간에 누구는 이기고, 누구는 지는 일이 과연 얼마나 바람직할까요?

그보다는 더 중요한 일이 있습니다. 누가 어디서부터 잘못했는지를 따지기보다 그래서 앞으로는 어떻게 할 것인가입니다. 물론 둘 사이의 감정이 잘 정리되지 않으면 그 다음의 관계로 나아가기란 쉽지 않습니다. 그렇기 때문에 이 관계 변화의 열쇠를 누가 쥐고 있는지도 매우 중요합니다. 엄마와 자식, 이중에 누구에게 더 포용력, 즉 상대를 이해하고 받아들일 마음이 클까요? 당연히 엄마일 것입니다. 엄마여야 하지요.

이를 위해 어머니는 먼저 자신의 마음을 살펴야 합니다. 계속 화를 낼 것인지, 아니면 무언가 다르게 해볼 것인지, 다르게 한다면 어떤 방법이 좋을지를 헤아려보는 것입니다. 그렇게 마음을 가라앉혔다면 여러 방법 중 하나로 먼저 자녀를 이해해보고자 시도하는 게 좋습니다. 자녀의 입장에서 상황을 이해해보는 것이지요.

만일 엄마가 다른 사람에게 자신을 '싸가지 없고 못되먹었다'고 말

한다는 걸 알면 아이에게는 어떤 마음이 들까요? 물론 얼마나 속이 상하고 화가 났으면 그처럼 하소연했을까, 전혀 이해되지 않는 것은 아닙니다. 그저 홧김에 나온 말일 수도 있습니다. 하지만 곁에서 보면 어머니의 단적인 행동만으로도 아이의 마음이나 행동의 이유를 유추해볼 수는 있습니다.

역지사지易地思之라는 사자성어가 있지요. 딸의 입장에서 그렇게 말하는 엄마의 말과 행동이 어떻게 받아들여질지를 생각해봐야 합니다. 생판 모르는 사람이 그렇게 험담을 하더라도 본인에게는 큰 상처입니다. 하물며 가장 인정받고 싶고 사랑받고 싶어 하는 대상인 엄마의 표현이라면 아이가 받는 마음의 상처는 이만저만이 아닙니다. 게다가 아마도 이 한마디만이 아닐 것입니다. 식사 전후에, 방과 후에, 모처럼 쉬는 휴일에 그 같은 상처는 쌓이고 쌓입니다. 아이의 마음을 단단히 얼려버리기에 충분하고도 남을 테지요.

어머니 또한 할 말은 많을 것입니다. "자식이 말을 잘 듣는데 그런 말을 하겠어요?"라고 반문할 수도 있겠죠. 그러면 다시 선후를 따지고 잘잘못을 가리는 형국이 되므로 아이의 마음을 이해하기 어렵습니다. 자신을 닮은 나의 딸이라는 사실을 떠올려서라도 좀 더 마음을 넓게 가질 수 있다면 좋겠습니다.

온전히 아이의 입장에서, 자기를 존중해주고 소중히 대해주는 엄마에게 막말을 하거나 터무니없는 행동을 하는 경우는 거의 없습니다. 부모에 대한 자녀들의 부적절한 행동은 대개 평상시에 자신이 받은 대로 되돌려주는 것일 가능성이 높습니다. 아이들 표현을 따르자면 "엄마가 나를 그렇게 대하니까 나도 똑같이 하는 것뿐이에요."이지요. 다시 한 번 말하지만, 저는 여기서 누구의 잘못이 먼저이고 더 큰지를 말하는 게 아닙니다. 그보다 중요한 것은 화해의 실마리를 찾는 일입니다. 사실 서로 간에 이해의 마음이 없으니 지금처럼 오해할 일도 생기고 골도 커지는 법이지요.

먼 예전으로 되돌아가 엄마가 아이와 처음 대면했을 때의 감격을 떠올려보면 좋을 것 같습니다. 그때의 기쁨과 뭉클함만으로도 내 아이가 얼마나 귀하고 소중한 존재인지를 다시금 깨달을 수 있을 듯합니다. 그처럼 귀하고 사랑스러운 아이가 지금 상처로 울부짖거나 우울한 표정으로 방구석에 웅크리고 있다는 것을 헤아릴 수 있는 마음이어야 합니다. "재가 도대체 왜 저래!"라며 멀뚱히, 냉정하게만 바라봐서는 결코 아이를 이해할 수 없습니다.

지금 이 상황에서 더 많이 영향받고 더 많이 상처 입을 사람은 둘 중 누구일까요? 그리고 더 많이 포용하고 받아주어야 할 사람은 또 누구일까요? 더 높은 위치에서 더 힘이 있는 사람이 먼저 손을 내밀어야 하는 법입니다. 그런데도 마치 아랫사람이나 힘없는 사람이 먼저 굽히고 들어와야 한다는 듯이 아이를 기다리는 것은 아닌지 되돌아봐야 합니다. 내 아이는 경쟁의 대상이 아니라 받아주고, 돌봐주고, 사랑해줄 대상입니다.

아이의 상처를 이해한다는 것

앞에서 언급한 민정이 모녀는 사실 한 부모 가정입니다. 더욱이 엄마는 친정 엄마와도 깊은 갈등을 겪었습니다. 민정이는 자라면서 아빠와 엄마의 다툼, 외할머니와 엄마의 불화를 보고 들으며 정서적으로 몹시 불안한 상태가 이어졌습니다.

민정이 엄마의 마음 또한 온전할 리 없었지요. 그녀의 말과 행동은 거칠고 메말라 있었습니다. 민정이에게 많은 것을 해주고 싶어 무리하는 만큼 아이 양육에 대한 부담감이나 책임감은 더욱 커졌고, 그에 따른 스트레스도 많았지요. 무릇 자식에게 희생하면 할수록 기대하는 마음도 커지는 게 인지상정이니까요.

그러니 아이를 대하는 말이나 행동이 어땠을지는 미루어 짐작됩니다. 어린 나이에 민정이는 긍정적인 말이나 태도보다는 부정적이고 상처 주는 말과 행동을 더 많이 보고 들었습니다. 아빠와 엄마 사이의 언어폭력도 그렇고, 외할머니와 엄마 사이에 오가는 말과 행동도 다르지 않았습니다. 이 같은 환경에서 민정이가 가장 잘 표현할 수 있는 것은 갈등의 언어와 행동일 수밖에 없습니다. 상대에게 화를 내고 비난하는 언어와 행동을 자연히 몸에 익히게 된 것이지요.

사람은 자신이 직접 보고, 듣고, 느끼지 않으면 표현하기 어렵습니다. 다들 공감하실 것입니다. 수많은 자녀교육서, 삶의 지침서를 읽어도 그대로 따라하지 못하는 이유입니다. 여기에는 뭔가를 하지 말라는 가르침을 주는 경우도 많은데, 어디 그게 뜻대로 되던가요? 하지 말아야지, 하고 생각은 하는데 어느 순간 나는 이미 하지 말아야 될 행동을 하고 있습니다. 머리로는 알지만 마음으로는 안 되는 것, 이게 많은 엄마들의 고민일 것 같습니다.

그래서 더더욱 엄마의 입장이 아니라 아이의 입장에서 느끼고 바라보는 게 중요합니다. 아이를 제대로 이해하지도 못한 상태에서 아이를 대하는 행동만을 바꾸려고 해봤자 무리입니다. 마치 음식을 먹었어도 소화가 되지 않은 불편함이 뒤따르지요. 게다가 잠시는 그렇게 할 수 있지만 지속하기는 어렵습니다. 생각이나 감정은 내 안에서 충분히 소화가 되어져 나올 때 그에 따른 행동도 자연스럽고 오랫동안 지속될 수 있습니다. 그리고 또 한 가지, 엄마 자신의 마음에 상처가 가득하다면 아이의 입장으로 바꾸어 헤아리기 어렵습니다. 그럴 마음의 여유가 없기 때문입니다.

흔히 듣는 말 중에 '자신을 내려놓아야 한다'는 가르침이 있습니다. 나를 내려놓다니, 대체 무엇을 내려놓으라는 말일까요? 저는 그게 하나는 욕심이고, 또 하나는 내 안의 상처라고 생각합니다.

"아이 공부 문제는 다 내려놓았어요."라는 엄마들 말을 이따금 듣는데, 단지 생각이 그럴 뿐인 경우가 많습니다. 막상 상황이 닥치면 생각대로 되지 않습니다. 아이와의 전쟁이 다시 시작되고 나서야 진정으로 욕심을 내려놓지 못했다는 사실을 깨닫곤 하지요. 그래서 그 같은 욕심보다는 내 안의 상처를 돌보는 게 먼저입니다.

아이를 이해하려고 하기 전에 나 자신을 먼저 이해하고 받아들일 수 있어야 합니다. 그래야 자연스럽게 아이의 상처에도 마음이 갑니다. 그러면 아마 욕심보다는 연민이 먼저 일어날 것입니다. 그리고 이제 아이에 대한 연민과 미안함으로 따뜻한 말 한마디가 나올 테지요. 진정으로 아이의 상처를 감싸줄 수 있게 된 것이지요. 비로소 엄마와 자녀의 끈끈한 정이 샘솟기 시작합니다. ♠

방문을 잠그는 아이의 마음을 열어주려면

심리상담소를 운영하다 보면 참 안타깝고 가슴 아픈 일들을 많이 만납니다. 만남이 이어지면서 차츰 내담자의 마음이 안정을 되찾고 저 또한 덩달아 기대하는 마음이 커지곤 하지요. 그러고 보면 상담은 무척이나 보람된 일입니다.

엄마들이 상담실 문을 처음 두드릴 때는 대개 여러 문제에 둘러싸여 있거나, 한 가지 문제라도 너무 깊숙이 빠져 있어 많이 힘들어하는 모습을 봅니다. 그중에 병인이네 이야기를 하고 싶습니다. 병인이 부모님은 경제력이 빈약했습니다. 직장이나 학력도 변변치 못했지요. 게다가 그들을 도와줄 지지기반, 즉 친척이나 지인들도 별 도움이 되지 않았습니다. 오히려 주변 사람들이 그들의 문제를 더 키우는 듯한 상황이었지요. 그러다 보니 아이들 양육도 제대로 이루어지지 못한 채 방치되어 있었습니다. 그 와중에 병인이 어머니가 상담실을 찾아오게 되었습니다.

그녀는 살아가는 나날이 너무 힘들고 고통스럽게 느껴진다고 했습니다. 남편은 자신의 일을 하고 있지만 가장의 몫을 다한다고 생각되지는 않았답니다. 아이들 문제며 가정 일에는 아무런 힘이 되지 않는다는 것이지요. 게다가 아이들은 아이들대로 고집불통에 엄마 말을 전혀 듣지 않아 속이 상하고 힘들다고 합니다. 시댁에서는 요구하는 것만 많을 뿐 도움을 주는 일 없이 자신을 괴롭힌다고 생각하고 있습니다. 친정 또한 매사에 잔소리가 많아 짜증이 난다고 하고요. 그녀는 남편이나 아이들, 주변 가족들 모두가 도움이 되지 않는다는 생각에 깊이 빠져 있었습니다.

정서적 돌봄이 필요한
요즘 아이들

이 엄마와 이야기를 나누며 도대체 왜 이렇게 힘든 상황에 빠졌는지를 생각해보았습니다. 문제의 핵심은 소통의 부재였습니다. 그녀는 또한 자신의 역할에 대해 너무나 모르고 있었습니다. 그저 하루하루 식사 준비하고, 청소하고, 애들 학교 보내며 세월에 떠밀려 사는 게 전부였습니다. 엄마로서, 아내로서 가족에게 어떤 역할을 해주어야 하는지 아예 관심조차 없었지요. 경제적으로 어려운 것은 당장 어떻게 할 수가 없습니다. 하지만 주위 여건이 좋지 않더라도 그것을 더더욱 힘들게 하는 것은 바로 본인의 마음가짐입니다. 하물며 자녀들과는 제대로 된 소통만 해도 근심의 상당 부분을 덜 수 있습니다.

물론 사는 데 쫓겨 마음의 여유가 없어지면 그럴 수 있습니다. 하지만 보다 화목한 가정, 나날이 나아지는 생활은 기대하기 어렵지요. 이 가정에서는 어떤 문제가 닥치면 다급한 마음에 그때그때 해결하기 바빴습니다. 하루하루 사는 데는 그 방법밖에 몰랐습니다. 자신의 부모님이 그렇게 살아왔듯이 말입니다. 그 결과 불행은 늘 끊이지 않는 것처럼 느껴졌습니다. 본인의 노력은 아랑곳없이 나쁜 일은 또 다른 나쁜 일로 잊히곤 했지요. 그러니 늘 힘들고 지칠 수밖에요. 저는 우선 아이들과의 문제부터 풀어보기로 했습니다. 가족과의 소통을 통해 근심의 크기를 줄이고 앞으로 조금씩 나아질 거라는 믿음을 이끌어내고자 한 것입니다.

예전에 그녀의 친정아버지는 쥐꼬리만 한 봉급에 불평을 입에 달고 사시는 분이었고, 친정어머니는 시장에 앉아 하루 종일 나물 장사를 하셨습니다. 오로지 가난에서 벗어나기 위해 장사며 살림이며 억척스럽게 사셨지요. 그러니 집에서 자녀교육을 위한 대화를 한다거나, 가족들이 함께 뭔가를 하는 시간은 아예 없었습니다. 그럴 필요성을 알지도 못했습니다.

한국전쟁 이후 우리 부모님 세대 때는 먹는 것이 최우선이던 시절이었습니다. 당연히 아이들을 집에 두고 밭으로, 장터로 나가 온종일 일하는 것 외에는 어쩔 수 없었지요. 이때는 자녀교육의 개념조차 없었을 것 같습니다. 이후 먹고사는 문제가 차츰 해결되면서 이제는 배움이 절대 선이 되었습니다. 가난을 벗어나기 위해서는 배워 출세하는 게 제일이라고 여기던 때였습니다. 그래서 공부를 위해서라면 다른 일은 모두 제쳐놓곤 했지요. 집에서든 사회에서든 학생이라면 특별한 대우를 받았고, 국영수가 중요 과목이었고, 인성조차도 성적에 따라 포장되는 모습을 볼 수 있었습니다.

그런데 요즘 아이들은 먹고살기 위해 밤낮없이 힘들게 일한다는 것에 대해 그리 큰 의미를 두지 않습니다. 아이들의 관심은 이미 먹고사는 문제를 떠나 얼마나 재미있게 사는지에 옮겨가 있습니다. 절대적인 궁핍을 경험해보지 않았기 때문이지요. 경험 자체가 없는 아이들에게 '엄마 아빠 어릴 적에'는 머나먼 이야기일 수밖에 없습니다. 아이들에게 보다 절실한 것은 부모님 세대와 자신과의 비교가 아니라, 또래들과의 비교입니다.

그처럼 시대가 변하며 자녀들이 느끼는 정서도 많이 바뀌었습니다. 부정적 정서 중에는 절대적 결핍과 상대적 결핍이 있습니다. 절대적 결핍은 삶에 꼭 필요한 것들이 충족되지 않을 때 느끼는 부정적 정서이고, 상대적 결핍은 다른 사람과 비교할 때 덜 충족되어 느끼게 되는 부정적 정서이지요. 예를 들어 배고픔이나 헐벗음처럼 생존에 필요한 것들이 부족할 때 절대적 결핍감을 느끼고, 또래에 비해 부족하다는 생각이 들 때 상대적 결핍감을 느낍니다.

그런데 둘 중에 절대적 결핍감은 매우 큰 감정입니다. 그래서 이 감정은 누구나 잘 공감하고 문제가 있을 경우에 치유의 필요성을 느끼기도 쉽습니다. 그에 비해 상대적 결핍감은 사소하고 작은 감정에 속합니다. 그 사람 고유의 감정이라서 타인에게 쉽게 이해되거나 받아들여지지 않을 수 있습니다. 더욱이 상대적 결핍감은 드러내는 게 쉽지 않으며, 결핍의 감정이 내 안에서 계속 쌓여 더더욱 큰 부정적 감정으로 자리 잡기도 합니다.

이렇듯 감정에 대해 설명하는 이유는 아이들의 정서를 부모님이 받아주고 돌봐주는 역할이 꼭 필요해서입니다. 부모님이 가까이서 제때 돌봐주면 쉽게 해소될 수 있는 작은 부정적 정서라도, 그냥 방치해두고 쌓이게 되면 아이들은 오랜 시간 동안 무겁고 어두운 상태에 놓일 수 있기 때문이지요.

앞서 말씀드렸듯이 과거 우리 부모님들은 정서적 돌봄의 중요성을 잘 인식하지 못하셨고 그럴 여유 또한 없었습니다. 지금의 엄마가 자신은 그 같은 돌봄을 받지 못했다고, 자신이 그렇게 자랐듯이 아이들에게 출세를 위한 공부만을 강요해도 좋을까요? 사실 정서적 돌봄은 학업보다 더 우선적으로 챙겨야 할 부분입니다. 아이들의 성적이 잘 오르지 않는 중요한 이유 중 하나는 바로 부정적 정서가 공부 의지를 꺾고 집중력을 방해하는 측면이 크기 때문입니다.

정서적으로 잘 돌본다는 것은 아이들의 정서적 상태를 민감하게 살펴 그에 적절하게 반응해주는 것을 말합니다. 아이가 풀이 죽어 들어왔거나 뭔가에 뾰로통해 있는데도 엄마가 반응해주지 못하거나 무시하면 아이는 그것을 혼자서 처리하게 됩니다. 그런데 이 감정이라는 놈은 꼭 풀어내야 사라지지, 가만히 두면 한때는 가라앉았다가 작은 자극에도 민감하게 반응한다는 게 문제입니다. 그래서 비슷한 상황이 일어나면 먼저의 감정과 함께 더 많은 양의 감정이 쌓이고, 결국 어느 순간에는 자신도 모르게 폭발해버리고 말지요. 응축된 부정적 정서는 마치 폭탄이 터지듯 주위를 쑥대밭으로 만들곤 합니다. 엄마들도 한 번쯤은 겪어보셨을 것입니다.

자녀와의 소통에 능숙한 엄마의 대화법

아이의 거칠어진 말투나 태도는 그 같은 부정적 정서의 집합체라고 할 수 있습니다. 미리 감지하고 나누면 편안해질 감정들을, 제때 풀지 못해서 쌓아놓게 되면 갖가지 갈등을 만들어냅니다. 이를 방지하기 위해 엄마들은 어떤 역할을 할 수 있을까요?

일상생활에서 가능한 방법 중 하나는 자녀와 대화를 나누는 것입니다. 대화는 상대방의 상태를 알 수 있는 소통의 창문입니다. 그래서 대화를 의사소통이라고도 하지요. 내 자녀의 상태를 민감하게 들여다보고 잘 돌봐주기 위해서는 좋은 대화 습관이 꼭 필요합니다.

엄마들에게 아이와 대화를 많이 나누시라고 하고, 나중에 확인해보면 다들 그렇게 했다고 하십니다. 문제를 정확히 파악했고 그에 관해 아이에게 물어보기도 했다고요. 하지만 아이들은 여전히 답답해하고 감정이 해소되었다고도 느끼지 않습니다. 왜 그럴까요?

아마도 엄마들의 일방적 대화 때문이지 싶습니다. 예를 들어보자면 이렇습니다. 아이가 "엄마, 친구들이 나랑 안 놀아줘요!"라고 하면 엄마들은 대개 "왜, 무슨 일 있었니?", "네가 무슨 잘못을 했길래?"라고 물으십니다. 친구가 안 놀아줘서 속이 상해 막 들어온 아이에게 엄마는 이 같은 질문 공세를 해댑니다.

사람은 질문을 받으면 대답을 하는 게 자연스러운 현상이지요. 아이 또한 은연중에 엄마의 질문에 대답하기 위한 노력을 합니다. 그래서 질문과 대답에 열중하다 보면 자신의 감정을 이야기할 순간을 놓치게 되지요. 그렇게 아이의 감정은 무의식중에 뒤로 밀려납니다.

엄마에게 악의가 있거나 아이를 미워해서 그런 건 분명히 아니지요. 엄마 입장에서는 아이가 염려되고, 해결해주고자 하는 마음으로 그렇게 묻는 것입니다. 거의 무의식적으로 말이지요. 그렇다 하더라도 엄마의 이런 질문의 반복은 아이에게 자신의 감정을 제쳐놓고, 엄마의 관심에 초점을 맞추는 반응을 습관화할 수 있습니다. 급기야 아이가 자신의 감정을 쌓아두는 결과로 이어지게 됩니다.

게다가 엄마는 아이가 문제를 이야기하면 그것을 해결하려는 데 온통 신경을 집중합니다. 그렇게 엄마가 문제 해결에 빠져있는 동안 아이의 정서는 또다시 뒷전이 되는 경험을 하게 되지요. 당장에 내가 힘든데 또 무언가 문제를 해결하기 위해 노력해야 할 것 같은 부담감이 생깁니다.

이런 경험이 반복되고 쌓이게 되면 아이는 차츰 엄마에게 제 문제를 들고 오지 않습니다. 하루에 단 한 번만 엄마가 이런 반응을 보인다고 하더라도 1년이면 365번입니다. 그것이 아이의 자아가 형성되는 사춘기까지 13~14년 동안이라면 엄청난 횟수이지요. 그러면 아이는 자신이 힘겨울 때 에너지를 쓰는 게 귀찮아 엄마와의 대화를 피하려 할지도 모릅니다. 다른 사람에게 맞추어 반응하는 데 익숙해질 수도 있겠고, 어쩌면 그때까지 쌓아놓은 감정의 그릇이 다 차버려 어느 날 갑자기 폭발할 수도 있습니다.

이렇듯 엄마의 대화가 자녀의 감정과 행동에 큰 영향을 미치는데, 그렇다면 좋은 대화법은 무엇일까요? 또 소통하는 대화란 어떻게 해야 할까요? 소통하는 대화를 위해서는 여건 조성이 매우 중요합니다. 먼저 자녀와 대화하기 전에 좋은 분위기를 만드는 작업이 선행될 필요가 있는 것이지요.

첫째, 대화를 나누기에 앞서 자녀에게 양해를 구해야 합니다.

일상적인 대화나 남의 이야기를 하는 게 아니라 엄마와 아이 사이의 진지한 사안을 다루는 대화는 그것이 상대의 생각이나 행동에 영향을 미친다는 것을 의미합니다. 그런데도 아무 때, 아무 장소에서 무턱대고 이야기를 꺼내게 되면 아이는 자신의 존재에 대한 무시로 느낄 수 있습니다.

아이와 대화를 시도하려고 할 때도 닫힌 방문을 노크하듯이 아이의 마음에 노크를 하는 게 좋습니다. 예를 들어 아이에게 "지금 엄마가 너와 이야기를 나누고 싶은데 괜찮니?"라든가 "네게 하고 싶은 말이 있는데 지금 시간 있니?"처럼 아이의 입장을 헤아려주어야 합니다. 그렇지 않고 "야, 너 이리 와봐!"라는 식의 일방적인 지시, 잔소리, 비난이라면 아이들은 귀를 막아버립니다. 짜증 나고, 귀찮고, 힘들다는 이유를 대면서 말이지요.

그래서 아이가 엄마의 제안에 동의하면 이야기를 시작하고, 동의하지 않으면 언제 가능한지를 확인하고 다시 시도하여야 합니다. 아이가 지금은 안 된다고 하는데 일방적으로 이야기를 꺼낸다면 아이는 엄마 말을 긍정적으로 받아들이지 않을 것입니다. 아이의 신뢰를 얻지 못하면 좋은 영향력을 줄 수도 없습니다. 대화의 여건 조성이 필요한 이유는 아이가 존중받는다는 느낌을 받도록 하기 위해서입니다. 이처럼 작고 사소하지만 반복되는 존중의 경험은 아이의 자존감을 높이는 데 아주 중요합니다.

둘째, 아이와 대화할 때는 눈을 마주보며 말해야 합니다.

어려서부터 눈을 마주보고 대화하는 습관을 가진 아이들은 집중력이나 언어 이해력이 보다 향상되는 경향이 있습니다. 타인의 감정에 대한 공감 능력도 높아지지요. 저마다의 이런저런 문제로 상담실을 찾는 청소년 내담자들의 공통점 중 하나는 대개 눈 맞춤이 잘 안 된다는 것입니다.

눈을 마주하고 대화한다는 것은 그만큼 상대에게 집중한다는 것을 의미합니다. 관심의 집중은 아이들뿐 아니라 모든 사람들이 바라는 인간의 기본적인 욕구에 속한다고 할 만큼 중요하지요. 어려서부터 관심을 잘 받은 아이들은 자신감이 있고 소신이 분명한 사람으로 성장할 수 있습니다. 또한 눈 맞춤이 잘 안 되던 친구들도 상담을 통해 존중받고 공감받으면서 차츰 건강한 눈 맞춤을 하게 되는 모습을 볼 수 있습니다. 대화는 대인관계 능력을 높이는 도구이기도 합니다. 인간은 사회적 동물이라서 대인관계를 어떻게 하는지가 삶의 질을 결정하기도 하지요. 엄마와의 대화 습관은 훗날 아이의 대인관계 능력 향상에도 많은 영향을 미칩니다.

셋째, 잘 들어주어야 합니다.

대화에서 가장 중요한 것은 잘 들어주는 일입니다. 잘 들어준다는 것은 영향을 잘 미치기 위한 사전 작업이라고 보면 이해가 빠를 것 같습니다. 엄마의 말을 아이가 잘 들으려면 무엇보다 마음의 여유가 있어야 합니다. 나의 말을 듣고 흘려버리지 않도록 하기 위해서라도 상대의 마음 그릇에 빈자리를 만들어주어야 하는데, 그러자면 먼저 잘 들어주어야 하는 것입니다.

그리고 잘 들어준다는 것은 아이가 말하는 의도와 뜻을 내가 정확히 알아들었다는 표현까지를 포함합니다. 그러면 소통이 더욱 확실해집니다. 보통 상대가 말하면 들었다고는 하는데, 상대방 말의 의도까지를 헤아려 "너의 말은 ~하다는 뜻이니?"라고 확인하고 상대의 동의까지 받아야 제대로 된 소통이라고 할 수 있겠지요.

간혹 우리는 말을 듣기는 했어도 진의를 제대로 파악하지 못하는 경우가 있습니다. 오해는 주로 말을 정확히 못 알아듣는 데서 비롯되지요. 이 오해는 갈등의 주원인이 되기도 합니다. 그처럼 오해 없는 대화가 소통이 잘된 대화일 텐데, 이를 위해서는 엄마의 노력이 필요합니다. 앞서 설명했듯이 마음의 문 노크를 통해 아이를 존중해주고, 눈 맞춤으로 소통의 문을 열고, 온 몸으로 들어줌으로써 아이 마음에 여유를 만들어주면 아이도 분명히 느낄 테지요. 자신에 대한 엄마의 관심과 배려와 사랑을 말이지요. ♠

아이에게
무엇이 결여되었는지를 보지 말고
무엇이 있는지를 보라.
그러면 아이는 변할 것이다.

· 대럴드 트레퍼드(위스콘신의대 임상심리학 교수) ·

아이를 양육하는 부모, 소유하는 부모

요즘 부모들의 자식에 대한 교육열은 보통이 아닙니다. 예전에 특목고 입시에 관한 TV 방송에서 어느 학부모의 재미난 이야기를 들은 적이 있습니다.

아이들을 잘 가르치려면 세 가지 힘이 있어야 한답니다. 바로 할아버지의 재력, 엄마의 정보력, 아빠의 인내력이라더군요. 젊은 부모가 벌어들이는 돈만으로는 너무도 부족해서 아빠의 봉급은 생활비 정도에 불과하답니다. 그래서 이미 충분히 벌어놓은 할아버지의 재력이 필요하다는 것이지요. 그리고 엄마는 어느 학원, 어느 과외교사가 잘 가르치는지 그리고 각종 입시 정보를 부지런히 수집해야 합니다. 그 같은 정보력을 바탕으로 극성스럽게 쫓아다니며 학원 등록부터 과외

교사 섭외까지 다 알아서 해야 된다는 것이지요. 또한 이렇듯 엄마가 혼신의 힘을 다해 이리저리 뛰어다니는 것을 아빠가 너그럽게 보고 참아내는 인내력을 빼놓을 수 없다는 말입니다. 이제는 아이들 가르치는 데에 할아버지가 평생 쌓은 재산마저 보태야 할 판이니 자녀의 학업은 여간 힘든 일이 아닌 게 분명합니다.

우리 부모 세대는
자식들을 어떻게 키웠을까?

그런데 이렇게 아이를 키워서 무엇을 얻고자 하는 것일까요? 물론 자식들 잘되라고 하는 일일 테지요. 예전과는 많이 달라진 것들 중 하나가 바로 요즘 부모들의 남다른 자식 생각입니다.

옛날에는 한 집안에 몇 남매씩 두는 일이 흔했습니다. '제 먹을 복은 갖고 태어난다'고 여긴 조상들은 아이를 낳는 것에는 관심이 많았어도 가족계획, 즉 임신을 조절하는 데에는 별 관심도, 의술의 발전도 없었지요. 더욱이 농경민족의 특성상 다산多産은 일손의 증가이자 집안의 번창과도 같은 의미가 있었지요. 그래서 아이가 생기는 대로 낳는 결과 한 집에 삼남매 이상 6~8남매도 그리 놀랄 일이 아니었습니다. 심지어 부모가 자식들의 서열과 이름을 헷갈릴 정도로 많이 낳은 경우도 있었습니다.

하지만 몇을 낳았어도 예전의 우리 어른들은 자녀들이 모두 삼신할미가 점지하여 이 세상에 내보낸 존재라고 믿었습니다. 엄마의 몸을 빌어 하늘이 내린 생명으로 본 것이지요. 하늘이 주신 생명이기에 '인명人命은 재천在天'이라는 믿음도 당연했지요. 그래서 큰 욕심을 내기보다는 일단 낳으면 어떻게든 알아서 커서 제 힘으로 세상을 헤쳐 나갈 것이라는 생각, 그리고 부모는 그저 뒷받침 정도만 해주면 된다고 보았습니다. 그렇게 키웠어도 예전에는 참 무탈하게 자식들이 잘 자랐던 것 같습니다.

그러던 것이 요즘에는 '제 먹을 복에 더해 요람에서 무덤까지' 모두 부모가 준비해주어야 하는 시대인 것 같습니다. 실제로 양육부터 교육, 자녀의 사회생활과 결혼, 손자들 육아, 심지어 자녀의 노후까지 부모가 미리미리 챙겨야 한다고 생각하는 분들이 있습니다. 그 결과 자녀에게 드는 비용이 만만치 않은 데다가 신경 써야 할 일도 많아서 아이를 둘 혹은 하나만 낳는 게 지금의 추세가 되었습니다. 아이 하나를 낳아서 대학을 보내고 결혼까지 시키는 데 드는 비용이 평균 2~3억이 된다는 통계도 있는 걸 보면 자녀를 많이 낳을 엄두가 안 날 만도 합니다.

하나둘 낳은 아이를 대신 돌봐줄 사람이 마땅하지 않은 것도 요즘 세상에는 큰 문제입니다. 대가족이 보편적이었던 과거에는 집안에서 아이를 돌봐주는 역할을 나눌 수가 있었지만, 지금의 핵가족 사회에서는 부모나 친척이 가까이 산다면 모를까 한 집에서 누구든 오가며 아이를 돌봐주는 시대가 아닙니다. 더욱이 남의 손에 맡기기 어려운 게 양육이니 아이가 태어나면서부터 엄마의 역할과 부담은 더더욱 커졌습니다. 요즘 세상에 알아서 크는 아이는 없습니다. 맞벌이를 하든 아니든 아이에게는 엄마의 손길이 그 어느 시절보다 절실해졌습니다. 사실이 그렇고, 다들 그렇게 믿고 있는 것 같습니다.

자녀를 소유하려는 부모가 아이를 망친다

그런데 아이가 성장하면서 서서히 아이에게 제 할 일을 맡기는 부모가 있는가 하면, 아이가 미덥지 않아 자신의 손으로 끝까지 돌보려는 부모들이 있습니다. 심하게는, 어렸을 때 아이를 씻겨주던 그 습관 그대로 아이가 커서 고등학생이 되었는데도 씻겨주려는 어머니를 본 적도 있습니다. 한편으로는 자식이 자라면서 부모가 원하는 모습대로 되지 않으면 속상해하고 마구 화를 내는 경우도 자주 봅니다. 부모의 그러한 심정이 전혀 이해되지 않는 것은 아닙니다만, 아주 오랜 옛날이 아니라 제가 자랄 때와 비교해보더라도 많은 차이가 있는 것 같습니다. 예전에는 아이가 잘 자라도록 '내버려두었다'면 오늘날에는 잘 자라도록 '애지중지하는' 세태가 되었다고나 할까요? 그렇게 정성 들여 키우는데도 자녀 양육에서 맞닥뜨리는 이런저런 문제점들과 엄마들의 마음고생은 요즘이 훨씬 더한 것 같습니다.

자식이 잘되기를 바라는 마음은 어느 시절에나 똑같겠지만, 아이의 본성을 외면한 채 부모의 의욕이나 욕심을 덧씌우려고만 한다면 그것은 자식을 양육하는 게 아니라 소유하는 것입니다.

실제로 상담에서 그 같은 엄마들을 자주 보게 됩니다. 본인들은 못 느끼고 있을 테지만, 자식을 소유하는 게 여의치 않아서 저를 찾은 경우이지요. 자식을 소유하려는 부모의 보편적 특징은 이렇습니다. 부모가 자식에게 원하는 모습이 있고, 바로 그 모습으로만 키우려고 많은 애를 씁니다. 그 과정에서 부모의 뜻대로 아이를 통제하려는 경향을 보이게 되는데, 통제가 제대로 이루어지지 않으면 화를 못 참곤 합니다. 이것은 올바른 양육의 태도라고 할 수 없습니다. 아니, 양육 방법의 차원 이전의 문제이지요. 그 부모는 자식을 양육하는 게 아니라 소유하려고 하고 있으니까요.

농사를 예로 들어 생각해보겠습니다. 벼나 보리, 파나 마늘을 심어서 키울 때 무엇부터 해야 할까요? 먼저 이들 농작물의 특성을 충분히 파악해야 할 것입니다. 어떤 토양에서, 언제쯤, 어떤 방법으로 심어야 잘 자라는지, 자라는 도중에는 비료나 농약 등을 언제 어떻게 주어야 하는지, 물은 얼마나 자주 주어야 하고 또 벌레 등은 어떻게 잡아주어야 하는지 등을 이해하는 게 우선이지요.

그런 다음에 하나하나 실천에 옮겨야 되는데, 이 또한 농작물의 특성에 따라 다릅니다. 농작물이 자라는 데 최적의 환경을 만들어주는 것이지요. 벼의 경우는 늦은 봄 땅을 갈아엎은 농토에 무엇보다 물을 충분히 대주어야 합니다. 그리고 여기에 직접 씨를 뿌리는 게 아니라, 더 좋은 환경이라 할 수 있는 모판에 씨를 뿌려 벼가 어느 정도 자란 후에 모내기를 합니다. 보리는 늦가을쯤에 씨를 뿌려 겨울을 나고 봄이 되면 수확합니다. 파나 마늘 등도 각자 다른 방식으로 기르지요. 이렇듯 농작물은 개개의 특성을 잘 파악한 후에 그에 맞는 시기와 재배법을 적용해야 합니다. 그렇지 않고 보리밭에 벼를 심어 겨울을 나거나 한다면 농사를 망칠 것은 뻔할 테지요.

다들 알고 있는 내용일 것입니다. 그런데 자연의 법칙을 따르는 사람도 농작물을 기르는 일과 비슷한 부분이 많은 것 같습니다. 어떻게 기르는 게 제대로 된 자녀 양육인지에 대해서는 이견이 있을 수 있습니다. 모든 것을 완벽하게 알 수 없다기보다는 농작물의 특성이 저마다 다르듯 아이들도 저마다 다른 본성, 혹은 자아를 가졌기 때문입니다. 그러므로 내 아이를 살피고 이해하는 데서 하나하나 실마리를 풀어가야 합니다. 그렇지 않고, 내 주관에 따라 아이를 획일적인 방식으로 키우려는 태도는 올바른 양육이라고 할 수 없습니다. 그처럼 부모가 원하는 방식, 원하는 모습대로 키우려는 것은 앞서 언급했듯이 양육이 아니라 소유입니다.

많은 사람들이 자신의 물건을 튜닝tuning합니다. 원래는 라디오 주파수를 바꾸는 일이나 악기 음을 조율한다는 의미로 쓰이던 말인데,

최근에는 물건을 자신이 원하는 대로 바꾸는 것도 튜닝이라고 하지요. 언젠가 자동차 튜닝을 소개하는 방송 프로그램을 본 적이 있는데, 자동차 값의 열 배가 넘는 돈을 들여 튜닝한 차를 몰고 다니는 사람이 출연해서 깜짝 놀란 기억이 납니다. 좀 심하지 않았나 하는 생각이 드는 한편으로, 그래도 그러려니 하고 이해가 되었던 이유는 바로 튜닝한 차가 그 사람 소유이기 때문이었습니다. 휴대폰처럼 자주 쓰는 물건을 제 취향에 맞게 꾸미는 모습은 그리 낯설지도 않지요. 이렇듯 소유물은 그것을 소유한 사람에게 권리가 있어서 자기 마음에 들게끔 얼마든지 바꿀 수 있습니다. 소유물은 인격이나 생명을 갖고 있지 않은 개체(물건)이기 때문입니다.

그런데 사람, 다시 말해 아이라면 달라야 할 것입니다. 자녀는 튜닝의 대상도, 소유의 대상도 아니라 제대로 된 양육이 필요한 존재입니다. 양육은 잘 길러내는 일이지요. 마치 농작물을 그 각각의 종에 맞는 토양과 환경을 만들어주고 건강하게 잘 자랄 수 있도록 돌보아주듯이 말입니다.

세상의 모든 아이들은 전혀 다른 종과 같습니다. 그렇기에 각자에게도 전혀 다른 양육이 필요합니다. 양육에서 가장 먼저 해야 할 일은 내 아이가 어떤 본성과 특성을 지녔는지를 살피는 것입니다. 그래야 그 본성에 맞게끔 기를 수 있습니다. 본성과 특성은 어려서부터 아이를 유심히 관찰하면 가늠할 수 있습니다.

'될 성 부른 나무는 떡잎부터 알아본다'는 말이 있지요. 아이들은 누구나 그 같은 가능성을 제 안에 갖고 있습니다. 자세히 들여다보지 않고, 아이의 본성을 제대로 이해하지 않으면 잘 보이지 않을 따름이지요. 그런데도 이를 도외시한 채 부모의 욕심에 맞춰 아이를 키우려고 한다면 안타까운 일이 아닐 수 없습니다. 아이의 장래를 위해서도, 또한 그 부모에게도 말이지요.

아이의 본성과 그 가능성을 알아보는 역할은 주위 어른들, 그중에서도 부모의 몫이기도 합니다. 떡잎 때부터 유심히 살펴 아이의 본성을 알아볼 수 있기를 바랍니다. 그렇게 아이의 본성을 이해해 아이가 잘 자랄 수 있도록 기본 토대를 만들어주고, 필요한 때에 필요한 도움을 주고, 주변 유해 환경(물리적 환경뿐 아니라 가정 내 정서적 환경까지도)을 막아주는 게 바로 양육이고, 엄마와 아빠의 역할입니다.

다시 한 번 말하지만, 아이가 스스로의 본성대로 자라도록 보살피고 돕는 차원을 넘어 부모가 원하는 대로 마음 내키는 대로 키우려는 태도는 가장 경계해야 할 것입니다. 시각 장애인을 보살핀다는 것은 대신 길을 걸어주고 의사결정을 대신해주는 게 아니라, 그가 걸을 때 위험한 일이 생기지 않도록 하는 돌봄을 뜻하지요. 또한 환자 대신에 식사하고 아파하는 게 아니라 환자에게 필요한 것이 있을 때 잠시 손을 빌려주는 게 환자를 위한 보살핌이지요. 그렇듯 자녀의 일을 대신 해주거나 의사결정을 대신 해주며 부모가 원하는 방향으로 키울 게 아니라, 자녀가 도움을 청하거나 위험스러워 보이면 그때 따뜻한 손

길을 내미는 것이 바로 양육입니다.

부모가 아이를 어려서부터 제대로 양육하지 않고 소유하게 되면, 아이는 나중에 자라서도 제 앞길을 헤쳐 나가지 못합니다. 그뿐 아니라 자신이 한 일에 책임을 질 줄도 몰라 부모가 대신 책임져야 하는 상황에도 맞닥뜨리게 되지요. 아이를 내 바람대로 하고 싶을 때, 내가 아이를 양육하는 게 아니라 소유하고 싶어 하는 것은 아닌지 돌아봐야겠습니다. ♠

아이는 지식으로 기를 수 있는 존재가 아닙니다.

자녀교육에서 가장 중요한 것은

눈앞에 있는 아이에게 배우려는 자세입니다.

· 요코미네 요시후미의 《아이를 천재로 키우는 4개의 스위치》 중에서 ·

아이의 문제가 실은 내 문제일 수 있다

아이와의 대화가 서투르고 쉽지 않다고 생각하는 분들이 많을 것입니다. 아래에 소개하는 영선 씨도 겉으로는 그런 경우였습니다.

"선생님, 오늘은 제 문제이자 아이 문제를 상의드리고 싶네요. 은주가 이제는 종알종알 학교 이야기며 친구 이야기를 제법 해요. 그래서 은주와의 관계가 많이 좋아졌어요. 예전에 은주에게 느끼던 소외감도 많이 줄었고요. 그런데 어제는 은주가 친구 이야기를 하길래 듣고 있다가 제 의견을 말했죠. 문득 드는 생각이 있어 은주에게 그러면 안 되고, 왜 다르게 행동해야 하는지를 말이죠. 그러자 은주가 대뜸 '엄마, 그냥 공감해주면 안 돼!'라고 하더라고요. 사실 말을 꺼내면서 감이 안 좋긴 했는데, 막상 은주가 그러니까 '아차!' 싶었어요. 내가 아이의 말을 잘 들어주지 못했구나, 라는 생각이 불현듯 드는 거예요."

좋은 엄마이기를 바라는 영선 씨는 아이와 많은 이야기를 나누며 지내고 싶었지만, 들뜬 나머지 한마디했다가 아이의 짜증에 순간 자신이 쪼그라드는 느낌을 받았다고 했습니다. 이는 그녀 자신의 어릴 적 엄마와의 부정적인 경험 때문이기도 했지요. 그래서 앞으로는 은주의 말을 계속 잘 들어주기만 해야 하는지, 자신이 하고 싶은 말은 언제 어떻게 꺼내면 좋을지 몰라 고심하며 도움을 청했습니다.

이와는 조금 다른 경우인데, 정숙 씨는 남편의 외도로 인한 불신감이 팽배해진 가운데 자신이 겪은 상처와 아이에게 부정적인 말과 화를 쏟아내는 문제를 안고 있었습니다. 그녀도 자신의 처지에 대한 자책과 아이에 대한 화의 감정을 주체하기 힘들어했습니다. 다소 차이는 있을지언정, 이처럼 본인의 문제와 아이와의 관계에 대한 문제가 겹쳐 있어 더욱 어려움을 겪는 분들이 꽤 많은 것 같습니다.

엄마가 원인이 되는,
아이의 부정적 성취

사람은 각자 자신의 삶을 살아갑니다. 그 삶 안에서 수많은 경험을 하게 되는데, 모든 경험이 다 가슴 깊이 남거나 사무치지는 않습니다. 대개는 좋았던 일, 나빴던 일이라는 기억으로 과거 저편에 물러나지요. 그런데 유독 뇌리에 강하게 남아있거나 나의 마음을 건드리는 기억들이 있습니다. 이것들은 다른 기억과는 달리 자신에게 크게 영향을 미친 경험일 가능성이 높습니다. 한 심리학 이론에 따르면, 과거의 경험에서 충분히 소화하지 못했거나 상처로 남은 '미해결된 감정'은 무의식적으로 그 부분을 해결하려는 시도를 꾸준히 한다고 합니다. 그래서 현재의 내 일상 안에서 영향을 미친다는 것이지요.

앞의 영선 씨의 경우가 그랬습니다. 그녀는 어린 시절 엄마로부터 자주 비난받고 꾸중 들은 기억 때문에 힘들어했습니다. 누군가 나를 잘못했다고 비난하거나 꾸중하는 듯한 말을 하면 어릴 때처럼 자기도 모르게 위축되는 경험을 하게 됩니다. 당시에는 엄마가 무섭고 두려워서 말도 못 하고 꾹 참았던 상처가 제대로 치유되지 않아 작은 자극에도 영향을 받게 된 것이지요.

그녀는 딸 정도의 상대에게조차 다시 상처받는 자신의 모습이 참 싫습니다. 쪼그라들고 싶지 않은데 비슷한 상황에서 자꾸 작아지는 자신이 너무 마음에 들지 않아 스스로에게 화가 납니다. 한편으로는 자신을 비난한다고 생각되는 상대(딸)에게 도리어 화를 던져버리기도 하지요. 아이는 그저 제 판단이나 생각을 말했을 뿐인데 엉뚱한 화가 날아옵니다. 과거 어렸을 때에 영선 씨가 당해야 했던 것처럼 그녀의 아이 또한 당하는 것이지요.

이처럼 엄마의 해결되지 않은 감정이 대물림하듯 자녀에게 영향을 미친다는 사실을 알면 엄마는 얼마나 기가 막힐까요? 그래서 또 화가 납니다. 이런 악순환이 반복되면 아이와의 갈등은 점점 커지고 골도 깊어져 아예 회복이 어려울 수도 있습니다.

실은 정숙 씨의 경우도 비슷했습니다. 어릴 적 아버지의 외도로 부모님이 자주 싸우셨지요. 갈등 관계에 있는 두 분을 바라보며 어린 시절 자신이 얼마나 불안과 고통 속에서 지냈는지, 그때가 얼마나 지긋지긋했는지 잘 압니다. 그런데 본인 또한 남편과의 관계에서 배신당하는 경험을 하게 되자 예전의 엄마와 같은 감정을 느끼게 되었습니다. 가장 소중히 여기는 아이 앞에서 싸움을 하고, 급기야 아이에게 화를 터뜨리는 자신을 보면서도 어쩌지 못해 더욱 괴로웠습니다.

영선 씨처럼 아이와의 갈등이 본인의 문제임을 정확하게 인식하고 있다면 그나마 참 다행입니다. 근원적인 차원의 진단이 가능하기 때문이지요. 지금 모습의 원인을 이해한 영선 씨는 어린 시절 상처 입은 자신을 다독이며 위로하고, 스스로를 치유하였습니다. 문제가 있어 보이는 자신이지만 기꺼이 받아들이고 사랑함으로써 자신감을 되찾게 되었지요. 하지만 상당수 부모님은 아이가 문제를 일으키거나 반항을 하면 아이의 문제로만 돌리는 경향이 있습니다. 당연히 아이의 변화를 요구하고, 병원이나 상담실을 찾아도 아이를 앞세웁니다.

물론 아이에게도 변화의 여지는 많을 테지요. 생활태도나 사고방식, 습관 등 바꾸어야 할 것들이 적지 않을 것입니다. 그래서 부모 성에 안 차는 그 한두 가지만 바뀌어도 부모님의 마음은 어느 정도 편해집니다. 문제가 해결된 것처럼도 느껴지지요. 그러면 아이들은 어떨까요? 당장에는 문제가 해결된 것처럼 보이니까 부모님처럼 마음이 편안해지고 행복해졌을까요?

문제의 근원을 볼 수 있어야 합니다. 아이가 행복하고 엄마도 행복해지기 위해서는 그것이 아이만의 문제인지, 혹은 나의 마음과 생각과 태도에는 아무런 문제가 없는지를 먼저 돌이켜봐야 합니다. 겉으로는 아이만의 문제인 듯싶더라도 그 뿌리는 엄마에게서 시작된 경우를 주변에서 너무 자주 봅니다. 마음이 아픈 아이 뒤에 마음이 아픈 엄마가 있었던 것이지요.

부모는 아이에게 어떻게 반응해야 할까?

양육 측면에서 아이의 행동에 부모가 어떻게 반응하는지는 매우 중요합니다. 예를 들어 아기가 울거나 웃을 때에 부모가 보여준 반응이 어떠한지에 따라 아이들은 자신의 행동을 더 할 것인지, 안 할 것인지를 스스로 결정합니다. 부모의 반응이 아이에게는 자신의 행동을 결정하는 기준이 되는 것이지요. 아이가 자신의 불편함을 알리기 위해 우는데 아무도 반응하지 않거나 부정적 반응을 보인다면 아이는 그처럼 불편함을 알리는 마음을 계속 갖기가 쉬울까요? 반대로 아이의 반응에 엄마가 민감하게 대처해주고 해결해준다면 아이는 자신의 불편한 감정이 잘 받아들여지는 외부 세계에 대해 어떤 마음과 정서를 갖게 될까요?

그런데 아이에게 그 같은 부정적 상황이 반복된다고 생각해보세요. 아이의 마음에는 어떤 생각의 습관들이 만들어질까요? 또한 부모의 반응이 과도하거나 부족한 경우에 아이에게는 어떤 영향을 미치게 될까요? 아이의 연령과 성향에 따라 조금씩 다르기는 하지만, 부모의 부정적 반응이 반복되고 누적되면 아이들은 각 발달 단계마다 수행해야 하는 과업에서 부정적 성취를 하게 됩니다.

당연히 아이에게 부정적 영향을 미치는 일들은 피해야 하겠지요. 이 말은 곧 아이에게 긍정적 영향을 미치려면 부모가 무엇을 해야 하는지에 대한 물음으로 이어집니다. 이를 위해 아이들이 발달 단계별로 성취해야 하는 과업이 무엇인지부터 알아보겠습니다.

심리학자인 에릭슨은 인간의 발달을 8단계로 구분했습니다. 이 이론은 사람이 타인과 사회적 관계를 맺어가는 데 초점을 맞추어 발달 단계를 제시하였는데, 각 단계에는 개인이 수행해야 할 과업이 제시되어 있습니다. 다소 딱딱한 내용이기는 하지만, 이 이론은 엄마들이 아이를 양육하는 기본 철학을 정립하는 데 큰 도움이 됩니다. 특히 1에서 5단계는 아이를 키우는 내내 꼭 참고가 될 내용이므로 간략하게나마 정리하도록 하겠습니다.

에릭슨의
심리사회적 발달 이론

▶ 1단계 – 신뢰 대 불신 (0~1세 유아기)

자기와 타인, 세상에 대한 신뢰감 형성이 기본 과제입니다. 중요한 타인(양육자)의 애정 어린 돌봄에 의해 물리적, 정서적 욕구가 충족되면 유아는 편안함을 느끼면서 신뢰감이 생깁니다. 반대로 기본적 욕구가 충족되지 않으면 세상에 대한 불안이나 두려움을 가지게 되고 특히 대인관계에 대한 불신이 생깁니다.

이 시기의 아이들에게 가장 중요한 것은 신뢰감을 심어주는 일입니다. 다양한 상황에서 내 아이의 정서가 안정되고, 또 신뢰를 느끼는 데 주안점을 두고 아이를 돌봐야 합니다.

▶ 2단계 – 자율 대 수치와 의심 (1~3세 초기 아동기)

독립성, 개인적인 힘, 자율성을 획득하는 한편으로 부정적 감정을 수용하고 처리하는 방법을 배우는 게 기본 과제입니다. 이 시기의 아동은 자기의 의지대로 행동하기 시작하며 자율적, 주장적이 되어갑니다. 그러면서 아이는 탐색하고 실험해야 하며, 실수도 해야 하고, 자신의 한계도 알아가야 합니다. 이때 너무 많이 제한하거나 처벌을 지나치게 받으면 의심과 수치심이 발달할 수도 있습니다. 또한 양육자가 지나치게 관여하면 의존이 강화되어 독립성을 저해하는 요인이 되기도 합니다.

이때는 자율성, 즉 혼자서도 할 수 있음을 깨닫게 해주려는 어머니의 태도가 필요합니다. 엄마가 대신 다 해주는 게 아니라 스스로 하도록 기다려주는 것이 중요하지요.

▶ 3단계 – 솔선 대 자책 (3~6세 학령 이전기)

유능감과 솔선감을 획득하는 시기입니다. 아이에게 의미 있는 활동을 선택할 자유가 주어지면 그에 필요한 적극적이고 책임 있는 행동이 뒤따릅니다. 그래서 책임감이 발달하고 주도성이 증가하지만, 자유가 주어지지 않을 때는 수동적이고 의존적인 태도가 발달합니다. 덩달아 불안이나 자책감을 느끼게 되기도 하지요.

이 단계에서는 아이가 스스로 뭔가를 성취했을 때 잘했다는 칭찬을 자주 해주는 게 좋습니다. 그처럼 인정을 받을 때 생기는 유능감을 길러주는 게 이 시기의 핵심 과제라 할 수 있습니다.

▶ 4단계 – 근면 대 열등 (6~12세 학령기)

근면감을 획득하는 게 기본 과제입니다. 아이는 세상을 더 잘 이해하고, 적절한 성 역할 정체성을 형성하고, 학교생활을 잘하는 데 필요한 기본적인 요령을 배워야 합니다. 근면감이란 개인적인 목표를 세우고 성취하는 것을 의미합니다. 근면감이 잘 형성되지 않으면 무력감이나 열등감을 느끼게 될 수 있습니다.

이 단계에서는 아이가 학교에 잘 적응하고, 자신이 세운 목표를 이루어가며 성취감을 느낄 수 있도록 도와야 합니다. 과업의 성취는 자신감을 높여주는 아주 좋은 경험입니다.

▶ 5단계 – 정체 대 역할 혼미 (12~18세 청년기)

아동기에서 성인기로 이행하는 시기입니다. 이때는 자기 정체감, 삶의 목표, 삶의 의미를 명료화하는 데 발달적 갈등이 집중됩니다. 새로운 역할이나 성인으로서의 모습 등 자신의 실체나 역할에 대해 다양하게 생각하게 되지요. 부모는 청소년 자녀에게 다양한 역할과 활동을 탐색할 기회를 제공함으로써 긍정적인 정체감 형성을 도와줄 수 있습니다. 정체감을 잘 형성하지 못하면 '역할 혼미'가 생깁니다. 그래서 부모나 친구, 사회에서 받는 스트레스에 의해 자아가 흔들려 본인이 원하는 삶을 살지 못하게 될 수도 있습니다.

이 단계에서 성 정체감 및 자아 정체감을 제대로 형성하기 위해서는 부모나 어른들과 많은 대화를 나누는 게 좋습니다. 올바른 가치관과 삶의 목표를 찾아나가는 시간을 가질 필요가 있는 것이지요.

그리고 에릭슨의 심리사회적 발달 6단계는 친밀 대 고립(18~35세 성인 초기), 7단계는 생산 대 침체(35~60세 중년기), 8단계는 통합 대 절망(60세 이후 노년기)의 시기로 이어집니다.

자, 이제 우리 아이들이 자기 연령에 맞게 잘 성장해왔는지를 되돌아볼 차례입니다. 가족 중 누군가가 각 단계에서 어떤 과업들을 잘 수행했는지를 돌이켜보는 것도 즐거운 일이지요. 이렇듯 성장 시기별로 수행해야 할 기준을 아는 것만으로도 엄마들에게는 큰 도움이 됩니다. 개인의 미래는 과거의 결과이지요. 그처럼 미래가 과거로부터 영향받을 수밖에 없다면 부모의 양육 태도가 바로 아이들의 미래를 결정한다는 사실 또한 틀린 말은 아닐 것입니다.

각 발달 단계에서 아이가 부정적 성취를 하기를 바라는 엄마가 있을까요? 아마 없을 테지요. 그럼에도 불구하고 우리 주위에는 긍정적 성취 대신 부정적 성취를 되풀이하며 자란 아이들이 적지 않습니다. 우리 엄마들이 스스로를 돌아보고 자신의 감정을 살펴야 하는 이유입니다. 엄마의 작지만 반복되는 태도와 행동들이 아이의 행복과 불행, 그리고 미래를 결정짓습니다. 그런 마음가짐으로 나를 돌아보고 아이를 돌봐야 할 것 같습니다. ♠

엄마가 중심을 잡은 가정은 흔들리지 않는다

엄마는 역할 범위는 과연 어디까지일까요? 360도 모든 방위에서 가정을 돌봐야 하고, 엄마의 전 생애에 걸친 역할 또한 분명히 존재합니다. 이렇게 말해놓고 보니 참 어렵습니다. 대체 어디서부터, 무엇부터 해야 하는지에 대한 궁금함과 답답함이 생깁니다.

상담을 받으러 온 희영이네는 엄마도, 아빠도 배움이 많지 않았고 경제력도 없는 편입니다. 소위 스펙이라는 부분이 많이 부족하지요. 게다가 주변의 도움도 매우 빈약합니다. 그 와중에 희영이 엄마가 상담실을 찾았습니다.

그녀는 사는 게 너무 힘들다고, 남편은 착하기는 해도 별다른 힘이 되지 않는다고 했습니다. 또 아이들은 아이들대로 너무 제멋대로이고

도무지 통제가 되지 않는다며 어려움을 토로했습니다. 앞길이 막막하다고까지 했지요. 이야기를 들어보니 두 분 모두 착했습니다. 정말 법 없이도 살 정도로 순진하다는 생각마저 들었습니다. 하지만 착하다는 것과는 별개로 그분들은 자신의 역할 즉, 부모의 역할, 가장의 역할, 엄마의 역할에 대해 제대로 된 모습을 본 적도 배운 적도 없었습니다. 허구한 날 술주정에, 말다툼에, 폭력이 오가는 부모님 모습을 보며 자랐다고 했습니다. 그러니 자신의 삶에서 긍정적인 것, 도움이 되는 것을 현명하게 선택하는 일조차 매우 서툴러 보였습니다.

아빠는 정직하고 부지런했습니다. 하지만 3개월 넘게 직장을 계속해서 다닌 경험이 거의 없습니다. 너무 착해서 주변 사람들의 요구를 다 들어주다 보니 자신이 맡은 몫보다 더 많은 일들을 감당해야 했고, 그 때문에 직장생활이 늘 힘겨웠습니다. 결국 옮기는 직장마다 번번이 못 참고 뛰쳐나올 수밖에 없었지요.

착한 것은 늘 좋을까요? 착하게 행동하는 게 늘 옳은 선택일까요? 그렇게 생각하는 분들도 있겠지만, 저는 착한 것이 항상 긍정적이지는 않다고 봅니다. 착하다는 것은 상대나 주위의 평가이지요. 그래서 자신을 한참 죽이고 남에게 잘 맞춰주는 것을 상대방 입장에서는 착하다고 보는 것일 수 있습니다.

한없이 '착하기만' 한 사람 옆에는 악역을 감당해야 할 사람이 있기 마련이지요. 아빠가 너무 착하다 보니 엄마는 살기 위해 악착같이 버티는 삶을 선택해야만 했습니다. 시댁의 요구를 뭐든 다 들어주려는 아빠에게 엄마는 쌈닭처럼 사납게 맞섰습니다. 화를 크게 내고 소리를 지르는 것은 아이들에게도 마찬가지였지요. 이러니 아무리 착한 가족이라도 서로 간의 갈등이 생길 수밖에요. 이들 부부는 양 극단의 방식을 선택해 삶의 효율성을 떨어뜨리고, 자신과 가족을 힘들게 하고 있었습니다. 아빠의 문제 해결 방식이 무조건 회피였다면, 엄마의 방식은 무조건 소리 지르기, 화내기였습니다. 누가 먼저랄 것도 없이 결국 두 사람은 똑같은 모습이었습니다.

뒷바라지가
엄마 역할의 전부는 아니다

가족의 이 같은 근원적인 문제를 이해한 엄마는 용기를 내기로 했습니다. 착하지만 우유부단한 아빠를 대신해 엄마가 가장의 역할도 마다하지 않고 적극적으로 나서기로 마음먹은 것이지요. 또한 아이들 양육에 있어서도 큰 그림을 다시 그렸습니다.

그녀는 아이마다 다른 특성을 살펴 지적 능력이 떨어지는 아이에게는 꾸준히 잘할 수 있는 것을 찾아 그 분야에서만큼은 저학년 때부터 남다른 실력을 길러주고자 했습니다. 채근하지 않고 처음에는 친숙함을 느끼게 해주는 데 정성을 들였지요. 그러자 공부를 몹시도 싫어하고 지겨워하던 아이가 실력이 붙으면서 차츰 자신감을 가지게 되었습니다. 이내 다른 과목에도 흥미를 붙이고 공부하자 놀라운 일이 생겼습니다. 지적 능력이 떨어진다고 여겨졌던 아이가 보통의 아이들 수준으로 실력이 향상된 것입니다. 다른 한 아이도 마찬가지로 아이 특성에 맞는 교육에 눈을 돌리면서 나름의 성과를 낼 수 있었지요.

물론 이 과정이 말처럼 수월했던 것은 아닙니다. 그녀는 자신이 중심을 잡지 못하고 무너지면 아이들과 가족을 지킬 수 없다는 각오로 노력했습니다. 아빠 일, 엄마 일을 따로 구분할 필요는 이제 없었습니다. 그 같은 구분으로 인해 사태 해결은커녕 본인 또한 큰 스트레스를 받아야 했을 뿐이었으니까요.

우유부단한 아빠를 대신해 엄마가 결정권을 맡았습니다. 그 대신 가족과 의논하여 스스로 최선이라는 생각이 들면 다소 버겁더라도 손을 놓지 않고 밀어주리라 마음먹고 행동하였습니다. 또한 각자가 잘하는 특성을 살려 집안일에서부터 역할 분담을 시켰습니다.

엄마가 변화하자 아빠도 그에 힘입어 차츰 자기 역할을 만들어가게 되었습니다. 엄마의 의견에 힘을 실어주고, 가사를 돌보아주고, 남들 시선을 우선해 행동하던 데에서 아내와 아이들에게 초점을 맞추게 된 것이지요. 부모가 중심을 잡고 안정을 이루면서 천방지축으로 산만하던 아이들 태도도 많이 진정되고 밝아졌습니다.

엄마가 중심을 잡는다는 것이 아이들에게 얼마나 큰 영향을 미치는지를 저는 다시 한 번 깨달을 수 있었습니다. 이 엄마는 자신이 잘하지 못해 구멍이 난 부분은 외부의 지원으로라도 아이들의 환경을 안정시켜주고자 했습니다. 이는 물질적, 정서적 역할 모두에 해당되었습니다. 자신이 배우지 못했고, 잘 알지 못하는 것을 혼자서 억지로 떠맡아 우왕좌왕하기보다는 전문적인 도움을 받아서라도 효율을 높이고자 한 것입니다. 늦게나마 본인이 중심을 잡을 수 있었기에 가능한 일이었습니다.

엄마는 가족들 뒤에서 뒷바라지만 잘하면 되는 존재가 아닙니다. 엄마는 여전히 자신의 삶의 주인이어야 합니다. 하지만 상당수 엄마들은 아이들이 자신의 못다 이룬 꿈을 대신 이뤄주기를 바랍니다. 자신은 이미 늦었다고 생각하는 것이지요. 그렇게 아이들이 잘되려면 공부를 잘해야 하고, 좋은 학교에 들어가야 더 많은 기회를 만날 거라는 생각에 아이의 성적에 집착하고 마구 닦달합니다.

하지만 엄마가 안달이 나서 아이에게 뭔가를 계속 들이밀어도 정작 아이는 엄마가 원하는 모습에서 더 멀어져가는 경우가 많습니다. 그럴 때 엄마들은 절망하고, 화내고, 분노합니다. 그러면서도 어찌하지 못해 막막해하고 힘들어합니다. 결국 자신을 포함해 주변의 사람들을 괴롭히기 시작합니다. 아무런 자기보호 능력이 없는 아이들은 이 과정에서 많은 상처를 받게 됩니다. 이는 엄마가 가장 원하지 않는 결과일 수도 있기에, 참으로 가슴 아픈 일이 아닐 수 없습니다.

자녀에게 꼭 필요한 부모의 역할

기본적인 생활을 책임지는 것 외에 부모는 자녀에게 어떤 역할을 하는 게 바람직할까요? 여기에 순서가 정해져 있는 것은 아니지만 편의상 번호를 붙여 알아보겠습니다.

첫째, 아이들의 상태 돌봐주기입니다.

엄마 특유의 민감성으로 내 아이의 필요를 감지할 수 있어야 하지요. 아이가 아주 어려서 전적으로 엄마에게 의지할 때도 그렇지만, 사춘기 아이들에게도 엄마의 민감성은 꼭 필요합니다. 아이가 무언가 평소와는 다르다는 것을 알아채, 엄마가 도움을 줄 기회를 놓치지 말아야 하지요. 사람은 행동이나 표정 등에서 많은 것을 감지할 수 있습니다. 소극적으로 눈치를 보라는 말이 아니라, 아이들의 상태를 적극적으로 파악하라는 의미입니다. 그래서 아이에게 정서적 돌봄이 필요한지, 육체적 돌봄이 필요한지, 아니면 물질적 제공 혹은 정보와 지식의 공유 등을 정확히 판단할 수 있어야 합니다.

둘째, 꿈(목표) 만들어주기입니다.

상담을 하면서도 이따금 느낍니다만, 사람은 목표를 만났을 때 태도가 크게 달라집니다. 매우 무기력하고 심드렁한 사람도, 깊은 우울감에 젖은 사람도, 그저 즐겁기만 하면 다인 것처럼 매일을 게임 속에 빠져 살던 아이들도 자신이 정말 원하는 목표를 찾으면 삶의 태도가 이전과는 딴판으로 바뀌게 됩니다. 물론 단순히 꿈을 찾았다고 모두가 변화하지는 않지만, 목표 만들기가 사람을 움직이는 가장 강력한 힘 중 하나라는 사실은 분명합니다. 특히 아이들은 잠재 에너지가 왕성한 만큼이나 자신이 진정으로 하고 싶었던 일을 만나면 더욱 적극적으로 바뀝니다.

엄마는 아이가 잘하는 것과 좋아하는 것을 잘 살려줄 수 있어야 합니다. 그런 부분들이 나중에 아이의 꿈으로 자라나기 쉽기 때문입니다. 이 또한 엄마의 민감한 관찰력이 힘을 발휘하겠지요. 그래서 엄마가 아이에게 미래 모습에 대한 비전을 보일 수 있다면 그 꿈은 더더욱 이루기 쉬울 것입니다. 엄마와 나누는 대화와 경험이 아이에게는 무한한 자원으로 쓰일 테니까요.

셋째, 모델링 되어주기입니다.

흔히 사업가 집에서 사업가가 나오고, 의사 집안에서는 의사가, 법조계 집안에서 판검사가 나온다는 말을 합니다. 그리고 면접이나 선을 볼 때 그 사람의 부모님이 어떤 분이신지를 묻는 질문을 하는 것도 그렇습니다. 환경이 사람을 만든다는 것이지요. 이 말이 일리가 있는 이유는, 자녀들은 은연중에 부모의 태도를 자신의 것으로 가져가 사용하기 때문입니다. 그것이 긍정적인 습관이든 부정적인 습관이든 상관없이 말이지요.

일례로 아빠가 엄마를 부를 때 '어이' 하고 부르는 집이 있었습니다. 그런데 아들이 말을 하기 시작하면서 엄마에게 '어이' 하고 부르더랍니다. 처음에는 그저 재미있다고 생각해 웃고 말았고, 이후에도 딱히 바로잡아주지는 않았습니다. 그런 어느 날, 아빠와 싸워서 기분이 몹시 나빠있는데 아들이 '어이' 하고 부르는 소리에 감정이 확 올라와 아들을 마구 때려주었답니다. 그 후로도 오랫동안 이 습관이 고쳐지지 않아 엄마를 열받게 하곤 했지요.

이처럼 언어적 습관뿐 아니라, 사고나 신념에서도 모델링이 이루어집니다. 엄마의 부정적 사고 습관이 자녀에게 깊숙이 스며들어 고통을 겪기도 하지요. 또한 삶의 태도에서 부모의 모습을 따라가는 경우도 허다합니다. 알코올 중독자 부모에게서 알코올 중독자가 나올 확률이 일반 부모의 자녀보다 훨씬 높다는 연구 결과 등은 바로 삶의 태도가 모델링된 사례입니다.

넷째, 공동체 경험 만들어주기입니다.

인간人間이라는 말의 사람 인人자는 두 사람이 서로를 지탱하는 형상을 하고 있습니다. 사람은 혼자서 살 수 없는 사회적 동물이라는 뜻이 담겼다고 생각합니다. 또한 사이 간間은 사람과 사람 사이를 의미하는 것일 테지요. 이렇듯 인간이라는 말에 공동체적 의미가 있듯이 우리에게는 공동체에 대한 경험과 관계 맺기가 매우 중요합니다. 하지만 현대사회는 날로 개인주의가 발달하고, 개성을 존중하는 흐름이 주류를 이루고 있습니다. 사회문제, 청소년 문제의 상당 부분은 바로 이러한 토대에서 비롯되고 있습니다. 왕따 현상이나 사회 부적응 문제, 청소년 범죄 같은 것들은 사실 공동체와의 관계를 제대로 맺지 못함으로써 발생하는 경우가 많지요.

따라서 어려서부터 공동체에서의 역할과 리더십을 올바로 경험한다면 청소년이나 성인기에 일어날 많은 부정적인 문제를 미연에 방지하는 효과가 있습니다. 사회문제는 사회문제이기 이전에 개인의 문제에서 출발한다고 생각합니다. 그리고 그 책임의 중심에 엄마의 역할이 있어야 하는 것이지요.

그러면 공동체 경험이란 어떤 것을 의미하는 것일까요? 유치원도 어린이집도 사실 두 명부터는 다 공동체이지요. 그런데 고만고만한 아이들 모임이라도 늘 사이좋게 지내는 것은 아닙니다. 시기나 따돌림이 있고 다툼이 있을 수도 있지요. 이제 막 집단을 경험하기 시작한 아이들에게는 얼마든지 있을 수 있는 일입니다. 어른들 세계에서도 마음에 드는 사람과 안 드는 사람이 있듯이 말이지요. 하지만 이때 엄마가 아이들 일에 사사건건 관여해 어른의 논리로 풀어나가려는 것은 좋지 않습니다.

어떻게 보면 또래 집단에서의 힘의 대결이지만, 그와 동시에 아이들이 리더십을 키우고 관계 맺는 법을 배우는 기회이기도 합니다. 이럴 때 부모의 일방적 개입은 아이들이 스스로 문제를 풀어나갈 기회를 빼앗는 것일 수 있습니다. 다만, 그 안에서 힘의 균형이 많이 어긋날 수는 있지요. 따라서 아이들 집단의 균형이 어떻게 변화하고 조화를 이루어나가는지를 잘 살펴보면서 아이가 관계 맺기의 요령을 익힐 수 있도록 도와주는 것, 그리고 행여 아이 마음에 상처가 되지 않도록 부모가 세심하게 마음을 써줄 필요가 있다고 하겠습니다. 무조건 엄마가 해결하고자 성급하게 처리하지만 않는다면 아이들은 의외로 잘 풀어나갈 능력이 있습니다.

다섯째, 경제관념 만들어주기입니다.

경제적 능력이 많은 부분을 차지하는 세상입니다. 오죽하면 돈을 많이 버는 것을 능력 있는 것으로, 잘사는 것과 부자로 사는 것을 동일한 개념으로 받아들이는 사람들이 많은 것을 보더라도 그렇습니다. 미래의 유망 직종이 돈벌이를 기준으로 제시되고, 선호도 상위 직업도 대개 연봉이 높은 순서로 나오곤 합니다. 그만큼 경제적인 부분이 매우 중요한데도 실제 학교에서나 가정에서는 경제관념에 대한 교육이 거의 이루어지지 않는다는 게 우리의 현실입니다.

그중에서도 돈을 잘 버는 방법에 대해서는 많은 관심이 집중되지만 돈을 잘 쓰는 방법에 대한 교육은 찾아보기 힘들지요. 경제관념이란 돈을 많이 버는 차원의 문제가 아니라 돈이나 시간, 노력 따위를 얼마나 효율적이고 경제적으로 사용하는지에 대한 개념입니다. 특히 돈을 어떻게 유용하게 쓰고 투자할 것인지에 대한 개념이 잡혀 있다면 훗날 아이가 자라서 얼마를 벌든 간에 경제적 안정을 누릴 가능성은 높아질 것입니다.

언젠가 읽은 칼럼에 부자들은 밥상머리 교육에서 자녀에게 경제관념을 심어준다는 내용이 있었습니다. 이 말은 일상생활에서 경제관념 교육이 이루어진다는 것이지요. 칼럼에는, 식탁에 올라온 음식을 보며 물가와 상차림의 상관관계라든가 지금의 경제 상황에서 투자한다면 어떤 기준으로 무엇에 투자하는 것이 좋은지 등을 자녀와 토론한다는 내용이 소개되어 있었습니다.

자녀와 무슨 이야기를 나눠야 할지 몰라 그저 식사에만 열중한다거나, 아니면 밥상머리에서 잘잘못을 따지는 대화만이 오간다면 아이는 부모와의 자리를 피하게 됩니다. 그렇지 않고 경제나 역사, 과학, 시사 등의 분야에 대한 대화가 오간다면 자녀에게 어떤 긍정적인 영향이 있을까요? 아이에게도, 또한 부모에게도 아마 식사 시간이 기다려질 것 같습니다. ♠

네게는 세상의 다른 아이들에게 없는

훌륭한 장점이 있어.

그래서 이 세상에는 너만이 감당할 수 있는 일이

너를 기다리고 있단다.

그 길을 찾아야 해.

너는 틀림없이 훌륭한 사람이 될 거야.

· 아인슈타인의 어머니가 아들에게 자주 들려준 말 ·

아이에게
아빠의 자리를 찾아주세요!

수진이네 집은 수진이, 엄마, 아빠 세 식구입니다. 외동딸 수진이는 보기에도 예쁘고 똑똑하고 사랑스럽습니다. 부모님은 하나뿐인 딸이라 수진이에게 필요하면 뭐든 다 채워주려고 합니다. 물질적으로는 무엇 하나 부족하지 않지요. 달랑 세 식구라 어느 가족보다 잘 뭉치고 재미나게 살 수 있을 것 같은데, 수진이 본인은 행복하지 않습니다. 자신이 예쁘다고 생각하지도 않습니다. 수진이는 어려서부터 엄마와 아빠 사이가 다른 집들과 다르다고 느꼈습니다. 아빠는 일 때문이라며 자주 집을 비우고, 그런 일이 생기면 엄마는 몹시 우울해했습니다.

언제부터인가 엄마를 힘들게 하는 아빠가 잘못하고 있다고 생각하게 되었고, 그러면서 아빠를 미워하는 마음이 생겼습니다. 어렸을 때 자기를 많이 예뻐해준 기억이 있고, 딱히 자신에게 잘못하는 것도 아니지만 아빠가 밉습니다.

수진이는 자신도 모르는 사이에 아빠와의 관계가 어색하고 불편해졌습니다. 그래서 아빠가 집에 들어오시면 자기 방으로 들어가고, 가족이 함께하는 행사를 피하게 되고, 아빠가 안 계실 때 엄마와 단 둘이서 움직이는 시간이 점점 늘어났습니다. 그러자 이번에는 아빠가 자기만 소외시킨다느니 자신이 돈 벌어오는 기계냐며 화를 냅니다. 그런 말들이 싫어서 수진이와 엄마는 더더욱 둘이서만 행동하는 일들이 지속되었습니다.

실은 엄마가 만들어준 아빠 이미지

사실 수진이의 속마음은 복잡합니다. 딱히 아빠를 미워할 이유가 없는데 자신이 아빠를 미워하는 게 이해 안 되는 한편으로, 아빠한테 잘 대하면 왠지 엄마를 배반하는 것 같은 마음이 들었지요. 그래서 엄마의 눈치가 보이기도 하고, 또한 진실하지 못한 마음으로 아빠한테 다가가려는 자신이 싫기도 했습니다.

처음부터 수진이가 아빠를 불편하게 생각했던 것은 아닙니다. 어려서는 아빠가 정말 잘 놀아주었고 함께 여기저기 자주 다녔던 기억도 있습니다. 그런데 아빠가 사업을 하면서 바빠지자 집에 신경 쓰는 일이 줄었습니다. 그러자 엄마와 단 둘이서 지내는 시간이 많아졌고, 엄마는 아빠의 그런 태도에 속상해했습니다. 마치 남편 없이 혼자 아이를 키우는 것 같은 마음이 들면서 우울해하고 때로는 화가 나기도 했습니다. 바쁘게 일하는 아빠를 생각하면 이해를 해야겠다 싶어도, 막상 아빠를 만나는 짧은 순간에는 온갖 불만을 터뜨리게 됩니다. 아빠 입장에서는 회사일로 지쳐 집에서라도 쉬고 싶은데 아내가 보기만 하면 잔소리를 해대고 화를 내니 짜증이 납니다. 그래서 말다툼을 하는 날들이 잦았지요.

자신의 불만스러운 마음을 받아주지 못하는 아빠를 대신해 엄마는 유일한 가족인 수진이에게 하소연합니다. 물론 어린 수진이가 뭘 알아들을 거라고 생각하는 것은 아니고 그저 혼자의 넋두리를 늘어놓는 것이지요. 밖에 나가서 이런 얘기를 해봤자 자기 얼굴에 침 뱉기일 수 있으니까요. 친정에 가서 말하면 친정 부모님의 마음이 좋지 않을 것 같아 털어놓지 못하고, 시댁은 남편과 더불어 자신을 괴롭히는 또 다른 존재라는 생각이 들어 가까이 하고 싶지 않습니다. 친구들은 다들 깨가 쏟아지는데 나만 외롭습니다. 친구들에게 얘기하기에는 자존심이 상할 것 같기도 합니다. 그러니 엄마의 말동무는 수진이밖에 없었습니다. 그나마 이웃집 엄마들과 얘기할 때도 수진이는 항상 붙어있었지요.

엄마는 항상 "니네 아빠는"이라는 말로 시작해 속상한 마음을 풀어놓습니다. 가만히 듣고 있는 수진이의 생각에는 아빠가 참 나쁜 사람입니다. 엄마를 힘들게 하고, 슬프게 하니 말입니다. 이렇게 좋은 엄마를 아빠는 왜 보기만 하면 화를 내는지 알 수 없습니다. 소리를 지르는 아빠는 더욱 싫습니다. 나쁜 아빠! 미운 아빠! 수진이가 표면적으로 갖게 된 아빠에 대한 마음입니다.

이처럼 수진이가 아빠를 불편하게 여기게 된 것은 아빠와의 직접적인 관계 때문이 아니라, 엄마의 정서를 그대로 받아들인 영향이 큽니다. 아이들과 아빠의 관계가 직접적으로만 만들어진다면 잘잘못의 책임은 모두 아빠 몫이겠지요. 하지만 사람은 자신이 접한 환경의 간접경험을 토대로도 특정인에 대한 관계를 만들어갑니다. 옆에서 어떤 이미지를 만들어주느냐에 따라 그 사람의 이미지가 그렇게 형성되기도 하는 것입니다.

그런데 가장이라는 위치는 어떤 자리일까요? 외부의 위험으로부터 가족을 지키고, 가족의 생계를 위해 일을 해야 합니다. 엄마가 내부에서 아이들의 양육을 책임지는 역할을 맡았다면 아빠는 외부적으로 가족의 안위와 필요를 채우는 역할이지요.

아빠들에게는 다소 억울할지도 모르겠습니다. 하필이면 가장 열심히 사회적, 경제적 기반을 만들어 가족을 편안하게 살게 해주고자 일하는 그 젊은 시절이, 바로 아이들과 관계를 만들어나가며 가족이라는 유대와 친밀감을 형성해야 하는 시기와 겹치기 때문입니다. 이 시기가 지나면 아이들과의 친밀감과 유대, 추억이라는 세 마리 토끼를 모두 놓치게 될 수도 있으니 말입니다. 그런데도 가족을 위해 희생하는 마음으로 일터에서 깨지고 상처 입으며 노력하는 자신을 아무도 알아주지 않습니다. 그렇게 홀로라는 소외감을 느끼게 된다면 얼마나 기운이 빠질까요?

물론 이는 일부의 상황일 수 있고, 그렇지 않은 아빠들도 많을 것입니다. 하지만 여전히 우리 사회의 아빠들은 직장에서의 성과가 중요하고 능력을 인정받기 위해 자신의 사적인 행복은 뒤로 미루어야 하는 게 현실입니다. 가족에게 좀 더 많은 풍요와 안정을 주기 위해서라도 더 높은 연봉을 위해 매일을 숨 가쁘게 달려야 하지요.

참 아이러니한 것 같습니다. 그렇게 열심히 일해서 조금 살 만하고 한숨 돌릴 만하면 아이들은 내 손을 벗어나 또래끼리의 관계가 더 중요해집니다. 가족에게서 벗어나려는 시기로 접어들어 아빠에 대한 관심이 예전보다 한참 떨어지지요. 가족이 아닌 또래 안에서 자기들만의 세계를 주장하고, 그 경계에 조금만 다가가도 상관 말라며 날을 세웁니다. 곁을 주려고 하지 않습니다. 아빠에게도 조금 관심을 가져달라고 하면 자신들이 관심을 가져달라고 할 때는 안 듣고 이제 와서 무슨 말이냐며 쌍심지를 켜고 반발합니다.

이처럼 아빠의 빈자리는 다시 채워지지 않고 다른 것으로 대체되어 버립니다.

아빠의 자리를 만들어주는 엄마의 지혜

이 같은 가족 풍경은 다른 경우에서도 볼 수 있습니다. 일례로 제가 아는 어느 가족의 식사 나들이 모습을 한번 그려보겠습니다.

아빠는 차를 준비한다고 그러고, 엄마는 아이들을 챙깁니다. 메뉴는 아이들 기호에 맞는 것으로 이미 결정이 나있네요. 어쩌다가 주말에 외식 한번 하려면 엄마는 아이들 챙기랴 집안 정리하랴 너무 바쁩니다. 이때 아빠는 뭐하고 계실까요? 집집마다 다르지만 TV를 보거나, 컴퓨터나 스마트폰으로 인터넷을 하거나, 자기가 좋아하는 야구, 바둑에 매달려 있기 일쑤입니다.

그러고는 식당으로 갑니다. 아이들이 너무 시끄럽고 부산하다며 엄마의 잔소리가 시작됩니다. 안 되겠다 싶은지 아빠에게 아이들을 꾸중해줄 것을 청하기도 합니다. 여기에 아빠는 아이들이 놀게 그냥 놔두라고 하기도, 엄마의 말을 받아 아이들을 꾸중하기도 합니다. 조금 큰 아이들은 스마트폰에 열중하느라 분위기는 썰렁하기까지 합니다. 음식이 나올 때까지 대화다운 대화가 없네요. 그러다가 엄마가 무언가 이야깃거리를 꺼내지만 잔소리라고 여겨서인지 누구도 별 대꾸가 없습니다. 어색한 분위기가 이어지자 아빠도 스마트폰에 시선을 보내며 딴청을 부립니다.

아마도 아빠는 무슨 이야기를 나누면 좋을지 잘 모르는 것 같습니다. 좀 딱해 보이기도 합니다. 모처럼의 가족 나들이가 그저 겉치레뿐인 집안 행사가 되어버린 꼴입니다.

주위에서 흔히 볼 수 있는 풍경이지요. 이처럼 가족을 잘 챙기지 못하는 아빠의 빈자리를 채워주는 것도 엄마의 역할 중 하나라는 생각이 듭니다. 그것도 매우 중요한 역할이지요. 아빠의 역할을 대신해 아빠의 부재를 잘 느끼지 않도록 하는 게 첫 번째 방법이고, 적절하게 아빠의 존재감을 확인할 타이밍을 아빠에게 알려주는 게 두 번째 방법입니다. 이 외에도 엄마의 작은 노력으로 아이들이 아빠를 느낄 수 있는 방법이 여럿 있을 것입니다.

대다수 엄마들이 사용하는 것은 아빠의 빈자리를 대신 채우는, 첫 번째 방법이기 쉽습니다. 이 방법은 엄마 혼자만 열심히 노력하면 되지요. 하지만 시간이 지나면서 후유증이 생깁니다. 엄마 스스로가 서서히 지치게 되고, 아이들이 커감에 따라 엄마의 통제력이 약화됩니다. 아이들이 외부의 영향으로 흔들릴 때 시의적절한 도움을 주기 어려운 것이지요. 게다가 아빠가 나중에라도 자신의 역할을 하려고 합류할 때 아이들은 그런 아빠를 인정하지 않게도 됩니다. 오히려 갈등이 더 깊어질 수도 있습니다. 엄마는 지칠 대로 지치고, 아빠는 여전히 자리가 없고, 아이들은 의논하고 의지할 대상이 없어 모두가 힘들어지는 것이지요.

이뿐이 아닙니다. 가정 내에서 역할이 어느 누구의 몫으로 고정되면 문제가 생겼을 때 모든 책임을 한 사람이 떠안게 됩니다. 예를 들어 아이에게 무언가 문제가 생기면 엄마가 잘못 키웠다는 비난을 받는 경우가 많습니다. 혼자서 힘들게 아이를 키워온 것도 억울한데 그 같은 비난마저 떠안아야 한다면 얼마나 억울할까요. 따라서 이 방법은 처음은 쉬워 보여도 결국 효과가 줄어들고 모두가 힘들어질 가능성이 높습니다.

그럼 두 번째 방법은 어떨까요? 아빠의 존재감을 시의적절하게 확인시켜 주는 이 방법에는 전제조건이 있습니다. 부부가 서로에 대해 충분히 이해하고 소통이 잘 이루어져야 한다는 것입니다. 남편의 입장과 아내의 입장을 서로 헤아릴 수 있다면 어느 타이밍에 어떤 찬스를 만들 것인지도 훨씬 수월해집니다. 가능한 방법을 미리 서로 의논하므로 실행에도 무리가 없을 테지요.

또한 이 같은 대처는 가족에 대한 아빠의 관심을 높이는 계기가 될 수 있습니다. 그래서 자녀의 안정감을 높이는 데도 큰 도움이 되지요. 평소에 많이 바쁜 아빠라도 아이 자신의 위기 상황이나 중요한 때에 아빠의 관심과 돌봄이 있을 거라는 믿음이 있다면 그것만으로도 아이들은 매우 안정됩니다. 이것을 엄마가 도와주어야 하는 것입니다. '아빠가 나에게 관심이 있고, 나를 사랑하고 계시는구나' 하고 느낄 수 있도록 말이지요.

때때로 아이에 대한 정보를 제공해주는 것만으로도 아빠에게 동참의 기회를 줄 수 있습니다. 지금 우리 아이가 힘들어한다거나 중요한 때라는 사실을 알려주고 협조를 구하는 것이지요. 그래서 아이에게 중요한 문제를 의논할 때 아빠의 경험이나 의견을 듣게 한다든지, 아이에게 의미 있는 날은 아빠가 함께할 수 있도록 자리를 마련하는 것도 좋은 방법 중 하나입니다. 아빠가 많이 바쁜 가운데에도 아이를 위해 시간을 냈음을 보여주는 것이지요. 이러한 일들은 엄마의 배려와 도움이 없으면 이루어지기 힘든 법입니다.

이처럼 아빠의 자리와 역할을 만들어주고, 자녀들 또한 아빠의 존재에 대해 신뢰를 갖게 되면 아빠들은 이것을 삶의 큰 에너지원으로 여깁니다. 자녀는 물론 그 같은 '아빠의 행복'을 위해서라도 엄마의 지혜와 전략이 필요하다고 하겠습니다. ♠

현명한 엄마는 아이의 생각을 기른다

아이들과 이야기를 나누며 흔히 드는 생각이 있습니다.

'요즘 아이들은 생각을 많이 하지 않는구나.'

'아이들 생각이 그리 깊지 않구나…….'

모든 아이들이 다 그렇다는 것은 아닙니다. 오히려 생각을 너무 깊이 해서 헤어 나오지 못해 문제가 되는 아이들도 이따금 만납니다. 개중에는 심신질환을 앓고 있는 경우도 있습니다. 하지만 많은 아이들에게서 보이는 모습은 '생각하지 않는 것'이지요. 그래서 무언가 어려움에 맞닥뜨리면 어쩔 줄 몰라 우왕좌왕하거나, 누군가 자기 문제를 해결해주기를 바라고 기대려는 모습을 흔히 봅니다.

아이가 이럴 때 엄마는 어떻게 하는 게 좋을까요? 우리 아이가 그 같은 문제 상황을 꺼내놓을 때 과연 나는 어떤 태도를 취하는지 한번 생각해보기 바랍니다.

마음과 몸과 생각의 양육을 위해

이와 관련해 현우 어머니의 사례를 소개하겠습니다. 그녀는 하나뿐인 아들이 얼마나 시간이 지나야 더 이상 자신을 괴롭히지 않을지를 묻곤 합니다. 학교에서 현우는 카카오톡이나 문자로 엄마에게 거의 모든 것을 묻습니다.

"엄마, 점심은 뭘 먹을까?"

"엄마, 버스가 안 와. 어떡하지?"

"짜증 나! 야자 들어야 한대. 할까, 말까?"

워낙에 자주 물어봐서 엄마는 핸드폰의 문자 알림 소리만 울려도 짜증이 납니다.

현우 부모님은 맞벌이 부부입니다. 아이가 어렸을 때 직접 돌보지 못하고 시골집에 맡겼지요. 오랫동안 떨어져 지내다가 어린이집에 보낼 나이가 되어서야 아이를 집으로 데려왔습니다. 하지만 집에 와서도 어린이집 종일반에 맡겨진 탓에 밤 7시, 8시가 넘어서야 부모님을 만났습니다. 어려서부터 홀로 둔 게 미안했던 엄마는 아이가 원하는 것은 뭐든 다 들어주려고 했습니다.

현우는 행동이 굼뜬 아이였습니다. 반면에 엄마는 성격이 급해 생각이 들면 바로바로 행동으로 옮기는 타입이고요. 그러다 보니 엄마 눈에는 아이가 항상 게을러 보입니다. 엄마가 뭔가를 물어봐도 대답이 느리고, 행동으로 옮기는 것은 더더욱 느렸습니다. 답답한 마음에 엄마가 먼저 행동하곤 했지요. 그러면서 어느새 엄마는 "짜증 나!"가 입버릇이 되었습니다. 바쁘고 힘든 엄마 입장에서는 느릿느릿 움직이는 아이가 몹시 답답했겠지요. 그래도 현우 엄마는 고등학교 때까지는 최선을 다해 아이를 챙겼습니다. 대학에만 들어가 봐라, 라고 벼르며 참고 또 참았지요.

현우가 대학생이 되자 엄마는 이제 모든 걸 스스로 알아서 하라며 뒤로 물러났습니다. 그런데 막상 현우는 무엇을 알아서 해야 하는지, 모든 게 낯설고 두려웠습니다. 작은 일 하나 결정하는 것도 버거웠지요. 매사에 어떤 선택을 하는 게 나은지 잘 몰랐고, 행동만큼이나 생각도 느려서 누군가가 뭘 물어보면 대답을 주저하기 일쑤였습니다. 자신이 무엇을 좋아하고 무엇을 싫어하는지도 잘 모르는 채 그저 주위에서 자신을 괴롭히는 일 없이 편히 시간을 보낼 수 있으면 좋겠다는 생각뿐이었습니다.

이런 게 현우만의 모습은 아닐 것입니다. 학생들을 만나 의견을 물어보고, 자신의 생각을 말해 달라고 하면 가장 많은 대답이 "잘 모르겠는데요." 아니면 "글쎄요."입니다. 그래서 좀 생각해서 대답해 달라고 하면 몇 분도 지나지 않아 "머리 아파요."라고 말합니다.

저는 상담 전문가이니까 그런 아이들을 어떻게 상대하면 좋을지를 많이 생각하고 나름의 방법을 사용하지만, 엄마들은 참 답답할 테지요. 또한 아이들의 이 같은 태도가 소통의 단절이고, 부모에 대한 거부의 몸짓이라고 생각하기 쉽습니다. 그래서 화가 나고 심하게는 좌절감을 느끼는 경우도 많습니다.

하지만 아이들 입장에서는 어쩌면 그게 솔직한 대답일 수 있습니다. 무언가를 숨기려 하거나 말하기 싫어서가 아니라 '정말 모르는' 것이지요. 평소에 생각해보지 않아서 알지 못하고, 실제로 어떻게 표현해야 좋을지 난감하기만 합니다.

일부 아이들만의 문제가 아닙니다. 현우처럼 따로 떨어져 자라야 하는 처지에 놓인 경우는 오늘날 흔하게 볼 수 있습니다. 가장 혼자만의 벌이로는 어찌어찌 먹고는 살아도 상대적 박탈감에서는 벗어나기 어려운 게 요즘 사회입니다. 너도나도 돈을 벌기 위해 맞벌이에 나서야 하는 상황이지요.

맞벌이 시대의 가장 큰 걸림돌이 바로 육아입니다. 내 아이에게 좋은 환경을 만들어주기 위해 시작한 맞벌이인데, 정작 아이 양육이 직장생활의 가장 큰 부담이 되어버렸습니다. 어린이집이나 유치원이 있기는 하지만, 아이들마다의 특성에 맞는 돌봄에는 한계가 있습니다. 아이들은 육체적 성장과 심리 · 정서적 성장에 있어서 가장 중요한 시기의 많은 시간을 집단 돌봄에 맡겨져야 하는 것이지요. 아이들에게 필요한 것은 그저 먹고, 자고, 씻고, 노는 수준이 아닙니다. 아이들에게는 따뜻한 접촉과 눈 맞춤, 그리고 자신들의 성장 욕구에 맞는 적절한 반응이 있어야 합니다. 뿐만 아니라 생각하는 존재로서의 인간의 특징을 잘 촉진시켜줄 경험이, 생각할 수 있는 기회가, 또 그런 생각을 마음껏 드러내는 순간들이 지속적으로 이어져야 합니다.

본인이 지금 무엇을 하고 싶고, 무엇을 해야 하고, 어떤 말을 해야 하며, 다른 사람들과 무엇을 나누어야 하는지를 안다는 것은 사고의 힘이 있는 아이들에게 가능한 영역입니다. 그래서 아이는 마음과 몸과 생각의 양육이 동시에 이루어져야 하는 것이지요. 그렇게 조화롭고 균형 잡힌 성장이 이루어짐으로써 비로소 한 사람의 몫을 제대로 해나갈 수 있게 됩니다.

아이의 사고력을 기르는 엄마의 질문

생각하는 힘, 즉 사고력은 저절로 생기는 게 아니라 무수한 훈련에 의해 만들어지고 숙달되는 것입니다. 단편적인 생각만으로도 안 되고, 거미줄처럼 생각이 꼬리에 꼬리를 물고 끊임없이 퍼져 나가 넓고 깊은 사고를 만들어야 하지요. 폭넓고 깊은 사고를 위한 훈련 방법에는 여러 가지가 있는데, 그중에 일상에서 자연스럽게 쓸 수 있는 것은 바로 질문법입니다.

우리는 일상에서 많은 질문을 하며 살아갑니다. 그리고 질문에 답하기 위해 많은 생각을 하게 되지요. 이 과정이 생각의 길이 만들어지는 여러 방법 중 하나입니다. 하지만 모든 질문이 생각의 길을 만들지는 않습니다. 질문에는 여러 종류가 있습니다. 먼저 '예, 아니오', 혹은 '1번, 2번'이라고 답할 수 있는 단답형 질문이 있습니다. 시험에 흔히 쓰이는 사지선다형 질문이나, 맞고 틀린 것을 답하는 판단형 질문이 이에 속합니다. 이런 질문은 대화를 딱딱 끊어지게 하는 특징을 갖고 있는데, 그래서 '닫힌 질문'이라고 합니다.

그에 비해 주어진 질문에 자신의 생각이나 정보를 포함해 말문을 열게 하는 '열린 질문'도 있습니다. 예를 들어 "너의 생각은 어떠니?"라든가 "자신의 생각을 자유롭게 써보시오." 같은 논술형 질문이 이 유형에 속합니다.

질문에 답하기 위해 스스로를 들여다봐야 하는 탐색 질문도 있습니다. "너의 기분은 어때?", "너는 어떻게 하고 싶니?"처럼 자신의 내면으로 시선을 보내는 방식의 질문이지요. 이 외에도 관점에 따라 다양한 종류의 질문이 있는데, 여기서는 중심이 있는 생각, 즉 자녀의 주관을 길러주는 질문에 초점을 맞추어보겠습니다.

열린 질문은 생각하는 힘을 길러줍니다. 내가 이미 알고 있는 정보를 가져오든지, 나의 체험에서 무언가 필요한 것을 찾아내든지 해서 내 안의 것을 활용하고 자신의 머리를 써야만 답이 나올 수 있습니다.

이러한 질문과 대답 과정을 되풀이하는 가운데 생각의 중심이 생기고, 주관이 만들어집니다. 이 같은 열린 질문들에 친근해지면 아이는 자연스럽게 넓고 깊이 생각할 수 있으며 덩달아 풍부한 표현력을 갖게 되지요. 자신의 생각이나 감정을 자유롭게 표현할 수 있는 아이가 되는 것입니다.

인간은 매우 습관적인 존재입니다. 인간의 뇌도 습관적입니다. 지속적으로 습관을 들이는 훈련에 의해 사람은 자신의 한계를 넘어 능력을 더 높일 수 있습니다. 이것이 사고력 향상에 훈련이 필요한 이유입니다. 만일 인간이 훈련에 의해 한계를 뛰어넘을 수 있는 존재가 아니라면 참 무능력할 것 같습니다. 하지만 다행히도 우리는 한계를 뛰어넘을 방법을 알고 있습니다.

그것이 우리 아이들의 두뇌 발달에도 적용됩니다. 비교적 손쉽게 아이들의 사고력을 계발해주기 위한 방법이 있다는 것이지요. 책을 많이 읽히는 것도 한 방법입니다. 다만, 단순히 책을 읽힐 게 아니라 그 책을 읽고 자신의 생각을 이야기하도록 하면 어휘력과 이해력, 표현력 등의 발달을 두루 촉진시킬 수 있습니다.

아이의 사고력을 길러주기 위해 엄마는 '좋은' 질문을 해야 합니다. 예를 들어 아이가 엄마에게 무언가를 결정해 달라고 할 때 그냥 "이게 좋구나." 하고 만다면 아이는 그 이상 생각하는 노력을 기울이지 않아도 됩니다. 덩달아 아이의 사고력 또한 훈련받지 못하지요. 그렇다고 "너가 알아서 결정해."라고 한다면 또 어떨까요? 아직 삶의 풍부한 경험과 정보가 없고 훈련도 안 되어있는 아이는 자신의 결정에 대한 신뢰를 갖지 못할 것입니다. 문제가 너무 어렵고 복잡해 혼란에 빠질 수도 있습니다. 이럴 때는 나이에 맞는 기준을 가늠해 실천하는 게 좋습니다. 즉, 문제와 질문의 난이도, 그리고 아이의 이해력 등을 고려해 엄마가 적절하게 개입하는 것이지요.

이제 아이들의 사고력을 어떻게 길러줄지에 대한 이해가 되었을 테지요. 내 아이가 주관과 책임감 있는 아이로 자라기를 바란다면 엄마가 먼저 책임감 있고 소신 있는 모습을 보여주어야 합니다. 그런 다음에 아이에게도 자기의 소신을 가질 수 있도록 허용해주고 격려해주어야 할 것입니다. ♠

자식을 불행하게 하는

가장 확실한 방법은

언제나 무엇이든

손에 넣을 수 있도록 해주는 일이다.

· 장 자크 루소의 《에밀》 중에서 ·

자녀의 거짓말에는 다 이유가 있다

아이들을 키우다 보면 참 여러 가지 어려운 일들에 부딪힙니다. 그 중에 거짓말하는 아이들이 있습니다. 또 아이들의 거짓말에 굉장히 흥분하며 반응하는 부모님도 있습니다. 상담실에 아이를 데리고 와서는 정말 큰 문제라는 듯이 아이를 쳐다보며 이렇게 말씀하십니다.

"애 좀 고쳐주세요. 얘는 하는 말이 다 거짓말이에요!"

이 어머니는 아이가 학교와 집에서 어떻게 거짓말을 하는지, 그로 인해 부모인 자신이 얼마나 속이 상하는지를 이야기합니다. 그러면 아이는 "아, 좀!" 하며 언짢고 거친 태도를 보입니다. 그래도 부모님은 여전히 거짓말하는 버릇에 대한 훈계를 멈추지 않습니다.

아이의 거짓말에 분개하는 분들을 보면 대체로 성격이 매우 강직하고 남에게 피해를 주지 않는 분이십니다. 매사에 태도가 분명하고 스스로에게 매우 엄격하기도 하시지요. 그 같은 성향의 부모님들이 더더욱 아이의 거짓말 때문에 힘들어하십니다.

아이들은
왜 거짓말을 할까?

그런데 아이들은 왜 거짓말을 하게 되었을까요? 아이들의 거짓말과 그 대처 방법에 대해 말씀드리기 전에 먼저 예전의 시간으로 돌아가보겠습니다.

아기 때는 늘 엄마의 보살핌 속에서 자랍니다. 마음에 들지 않으면 투정을 부리거나 울고불며 아이 자신의 의사를 표현하지요. 그러면 엄마는 갖은 방법으로 달래줍니다. 이게 아기와의 소통 방식이고, 엄마 또한 아기가 잘하고 있다고 생각합니다. 이렇게 엄마의 뜻대로(?) 하던 시절이 지나 아이가 자신의 의사를 말로 표현하기 시작하는 때가 찾아옵니다. 난생처음 "싫어!"라고 분명하게 의사표현을 하는데, 엄마는 이 순간이 얼마나 중요한지 알아채지 못합니다. 그저 아이가 받아들일 만한 또 다른 방법을 생각해내서는 끝내 엄마의 뜻을 관철시키지요. 지금까지 해온 엄마의 방식 그대로 말입니다.

아이가 분명하게 싫다고 표현하는 것은 "이제 나도 내 뜻을 말할 수 있어요."라는 의미입니다. 이는 아이가 자신의 감정을 깨닫고 있으며, 이제부터는 독립된 존재로서 커나가고 있다는 신호이기도 합니다. 이때가 오면 엄마는 돌봄 모드에서 벗어나 차츰 아이의 자율성을 길러나가는 기회를 제공해야 합니다. 다시 말해, 스스로 할 수 있는 기회를 늘리고 아이의 감정이나 생각, 행동을 존중해주어야 하는 것입니다. 아이는 단순히 새로운 단어 하나를 더 깨친 게 아닙니다. 그것은 자신의 분명한 의사표현이고 존재의 외침입니다.

아이가 자라면서 주변의 요구에 그저 "네." 하고 순응하는 아이와 아니면 자신의 의사를 명확하게 표현하는 아이, 엄마는 내 아이가 어떤 아이로 성장하기를 바라나요?

아이가 울거나 떼를 쓸 때 "울면 안 돼!", "떼쓰면 안 돼!"라고 반응하면 아이는 자신이 지금 하고 있는 행동이 잘못됐다고 느낍니다. 이런 말들이 비난으로 받아들여져 위축되고 자책하거나, 심지어 죄책감으로 발전할 수도 있습니다. 또 그런 과정에 반복적으로 노출되다 보면 자신의 감정에 대한 확신이 생기지 않고, 판단의 혼란을 겪게도 됩니다. 사람은 자신의 생각과 행동이 수용되는 경험이 빈약하면 자신감이 없어지고 사소한 잘못이나 실수도 감추고 싶어 하게 됩니다. 즉, 도망치는 쪽을 손쉽게 선택하게 되지요. 반면에 울거나 떼쓰는 자신이 엄마에게 올바로 수용되는 경험이 축적되면 스스로를 믿을 수 있게 됩니다. 자신의 감정과 행동에 의심이 들지 않아 무언가를 표현하는 것이 자유롭고 편안해집니다. 실수나 잘못을 있는 그대로 내어놓으려면 상당한 용기가 필요합니다. 솔직해지기 위해서는 내 안의 자신감과 용기가 필요하지만, 아울러 그 실수나 잘못을 받아들이고 용서해주는 외부의 수용적인 환경도 반드시 필요합니다.

솔직하다는 것은 자신을 가리고 있는 무언가를 치우는 일, 벗어내는 일이라고 할 수 있습니다. 이때 자신을 가리는 그 무엇은 걸림돌이 되지만, 때로는 보호벽이 될 수도 있습니다. 그래서 엄마는 아이가 솔직하지 못한 때의 모습을 잘 관찰해야 합니다. 아이가 하는 말이 자신의 잘못이나 실수를 숨기려고 하는 것인지, 아니면 실수나 잘못에 대한 책임을 다른 데로 돌리려고 하는 것인지, 혹은 또 다른 관점에서 자신 또는 무언가를 지키기 위해 사실이 아닌 말을 하는 것은 아닌지 등을 민감하게 살필 수 있어야 합니다.

하지만 엄마가 도사나 신이 아닌 이상 아이들의 숨은 의도를 정확하게 파악하기란 어렵습니다. 그럼 어떻게 해야 할까요? 참 난감합니다. 그 같은 경우에는 판단을 잠시 미루는 게 좋습니다. 확실하지 않은 내용을 섣불리 판단의 근거로 삼을 수는 없는 데다가 엄마와의 소통의 문제일 수도 있기 때문입니다. 예컨대, 엄마는 아이가 자기 생각을 제대로 표현하지 않는다며 답답해합니다. 하지만 그 엄마의 아이는 수도 없이 자기 의사를 전달했다고 합니다. 말로, 몸으로, 얼굴 표정으로, 하다못해 손짓 발짓으로라도 말입니다. 그것을 엄마는 자기는 들은 적이 없다고 하고, 아이들은 엄마가 자신의 말을 아예 들으려고도 하지 않는다면서 화를 내고 짜증을 냅니다.

단편적인 사실 하나만으로 아이를 단정 짓거나 몰아붙일 게 아니라, 평소 아이의 일을 세심하게 바라봐주고 소통을 늘려나가도록 마음을 써야 하는 것이지요.

아이의 거짓말에 대처하는 부모의 태도

모든 아이들, 아니 모든 인간이 그렇듯이 사람의 행동에는 다 나름의 이유가 있습니다. 거짓말 또한 나름의 이유가 있어 그 같은 행동을 선택하는 것이지요. 거짓말하는 아이의 이유는 무엇일까요? 또한 아이에게 매우 엄격하게 대하는 부모의 이유는 무엇일까요? 그와 관련해 아이의 거짓말 유형과 그 대처 방법을 알아보겠습니다.

아이들의 거짓말을 잘 들어보면 몇 가지로 분류할 수 있습니다.

1. 자신만의 공상과 상상의 세계를 표현하고 있는 경우

보통 세 돌 전의 아이는 현실과 상상의 세계를 잘 구분하지 못합니다. 상상의 세계와 현실의 세계가 정확하게 분리되지 않아 현실과 상상의 세계를 오가며 조잘거리기를 좋아하지요. 아이들의 이런 발달 상태와 그 세계를 잘 이해하지 못하면 엄마는 아이가 거짓말을 한다고 꾸중하거나 야단칠지도 모릅니다.

예를 들자면, 낮에 친구가 자동차를 갖고 있는 것을 보고는 집에 와서 친구가 자동차를 주었는데 잃어버렸다고 할 수 있습니다. 혹은 친구의 차를 가져와서 친구가 자신에게 주었다고 말하기도 합니다. 장난감을 갖고 싶은 마음에 자신도 장난감을 갖고 있다고 상상하다가 그만 입 밖으로 나와버린 거지요. 아직 자신의 내외부의 경계를 구분하는 능력이나 스스로를 통제하고 조절하는 능력이 충분히 발달하지 않았기에 있을 수 있는 일입니다.

이 자체는 문제라기보다는 어떻게 수용받고 다루어지느냐에 따라 달라집니다. 아이가 자신의 실수를 알아차리고 정정할 수 있는 기회를 부여받든지, 아니면 거짓말쟁이가 되는지는 아이의 몫이라기보다는 부모의 역할이 더 크게 작용하는 것입니다. 이를 테면 아이가 하는 말을 잘 듣고 있다가 왠지 이상하다는 생각이 들면 아이에게 좀 더 자세히 말해 달라고 합니다. 그러면 아이는 말하는 중에 자신의 말이 앞뒤가 맞지 않는다는 사실을 스스로 깨닫곤 합니다. 이 같은 경험이 아이에게는 자신의 행동을 돌이켜보는 계기가 되겠지요. 또한 꾸중이 아닌 대화의 장이 만들어질 수도 있게 됩니다. 소통이 이루어지는 것이지요. 나쁜 거짓말을 하는 습관이 들게 될지, 좋은 대화 습관이 만들어질지는 이처럼 엄마의 태도에 따라 달라집니다. 아기와는 대화가 안 된다는 생각은 금물입니다. 아기들도 자신의 수준에서 알아듣고 이야기를 나눌 수 있습니다.

2. 주위의 관심을 받기 위해 하는 거짓말

관심을 받기 위해 거짓말을 하는 경우가 있습니다. 예를 들면 학교 친구나 선생님에게 자신의 집이 부자라거나, 부모님이나 친척이 외국에 계시면서 학용품을 보내주었다거나 하는 식으로 이야기를 꾸미는 아이들이 있습니다. 주변의 관심을 얻기 위해서인데, 엄마가 학교에 갔다가 우연히 이 사실을 알게 되기도 하지요. 그러면 기가 막히고 황당한 생각이 들지도 모르겠습니다.

이 경우에는 열등감이 있는 게 보통입니다. 다른 아이들보다 더 뛰어나고 특별하고 싶은데 자신에게는 그럴 만한 게 없다고 생각합니다. 그래서 사실이 아닌 말을 만들어 상황을 조정하려고 합니다. 이런 아이에게는 보다 관심을 가져주고 장점을 찾아줄 필요가 있습니다. 자신감을 길러주어 열등감에서 벗어나게 해주는 것이지요.

작은 일에 대한 주위의 칭찬과 격려가 힘이 되고 약이 됩니다. 아이는 자신의 장점이 관심의 대상이 된다면 굳이 다른 것으로 포장하지 않아도 될 것입니다. 사실이 아닌 말, 거짓말을 하지 않아도 마음이 편안해집니다.

3. 자신이 잘못했거나 불리한 상황에서 그 순간을 모면하려는 경우

순간을 모면하기 위해 거짓말하는 경우입니다. 예를 들면 성적을 과장하거나, 잘못한 어떤 일을 모른다거나 자신이 하지 않았다고 둘러대는 아이가 그렇습니다. 아무래도 이 경우는 이전에 비슷한 일로 크게 꾸중을 들은 경험이 있기가 쉽습니다. 자신의 잘못을 인정하면 큰소리로 야단을 맞거나 상대가 크게 화를 낼 것이 예상될 때 당장의 상황을 모면하기 위해 이내 거짓이 드러날 핑계를 대는 것이지요. 그러면 엄마는 처음에는 받아들였다가 나중에 거짓인 게 들통나면 더 크게 꾸중하고 화를 낼 테지요. 상황은 악화되고 엄마와의 갈등도 더 커집니다.

그렇게 거짓말하는 친구들의 속마음은 과연 어떨까요? 일견 부모의 야단이나 화를 듣지 않으려고 하는 행동 같지만, 더 깊이 들여다보면 자신의 잘못을 들키지 않고 부모에게 인정받고 싶어 하는 마음일 수도 있습니다. 그래서 잘못을 감추려는 서툰 노력을 하게 됩니다. 이때는 엄마가 화를 내거나 꾸중하기 전에 먼저 아이가 자신의 행동을 어떻게 판단하는지 물어보는 게 좋습니다. 자신의 행동이 잘못인 것을 알고도 사실을 숨기거나 둘러댔다면 침착하게 그 이유를 물어보는 것이지요. 그러면 아이의 숨은 의도를 알 수 있습니다.

만약 아이 자신의 행동이 잘못되었음을 인식하지 못하고 있다면 왜 그것이 잘못된 것인지 차근하게 설명해주는 게 도움이 됩니다. 아이가 충분히 이해한다면 스스로의 행동에 대한 반성의 기회가 될 것입니다. 꾸중이나 야단이 아닌 방식으로 엄마와 대화하고 반성 또한 잘 이루어졌다면, 그 마무리로서 아이를 잘 다독여주는 것 또한 잊지 말아야겠습니다.

4. 부모님을 실망시키지 않으려고 하는 경우

부모님이나 어른을 실망시키지 않기 위해 거짓말을 한 경우도 마찬가지로 대화가 필요합니다. 아이의 의도를 충분히 알고 나서, 엄마는 아이에 대해 실망하는 게 아니라 아이의 잘못된 그 행동 하나에 대한 실망임을 알려주어야 합니다. 부모의 실망이 아이의 존재 자체에 대한 실망이라고 받아들여진다면 아이는 사실대로 말하지 못하고 불안해할 수 있기 때문입니다.

엄마가 불안한 마음을 진정시키고 위로해줄 때 아이에게는 부모의 사랑과 자신의 존재에 대한 믿음이 생깁니다. 그런 경험이 모여 아이에게 자신감을 만들어주고, 이후 안정적이고 든든하게 성장할 수 있는 밑거름이 됩니다.

5. 부모님의 지나친 관심이 귀찮거나 싫어서 하는 거짓말

이 같은 경우에는 엄마가 자신의 행동을 뒤돌아볼 필요가 있습니다. 사춘기와 맞물려 또래에게 관심과 의존이 옮겨가면서 아이는 부모로부터 멀어지려는 모습을 보일 때가 있습니다. 엄마의 지나친 관심(과보호)과 참견으로부터 자신의 독립성을 지키려고 하는 것이지요. 그래서 사춘기는 반항의 시기이기도 합니다. 한편으로 엄마들은 자녀의 그런 태도가 마치 무슨 나쁜 일이라도 일어난 것처럼 큰일로 만들어버리곤 합니다. 그러고는 아이에게 더 많은 통제를 가하려고 하지요. 상황이 이렇게 진전되면 아이는 엄마가 모르는 자신의 영역을 지키려는 마음에 자연히 부모에게 자기 신상에 대한 이야기를 피하거나 사실대로 말하지 않게 됩니다. 이에 대해 엄마는 나쁜 일이 일어나면 어쩌나 하는 불안함에 아이를 닦달하며 더 괴롭히는(?) 악순환으로 이어지기도 하지요.

아이들의 거짓말에는 이처럼 참 다양한 이유가 있습니다. 이 외에 다른 이유들도 있을 수 있는데, 어떤 의도와 유형의 거짓말인지에 따라 부모의 현명한 대처가 필요하다고 하겠습니다.

그리고 한번쯤 자녀 입장에서 생각해봤으면 좋겠습니다. 아이들 입장에서 여러분은 매사에 거짓 없이, 모든 것을 허심탄회하게 말할 수 있을까요? 분명 아닐 것입니다. 부디 우리 아이들이 거짓말쟁이가 아니라 나름의 이유 있는 행동일 수도 있다는 사실을, 엄마의 넓은 이해심으로 바라봐야 할 것 같습니다. 그러면 아이들의 행동이 이해되지 않았던 예전과는 달리 아이들이 훨씬 사랑스럽고 대견하게 느껴질 것입니다. 한편으로는 안쓰러운 마음도 들 텐데, 이 안쓰러운 마음의 눈으로 아이들을 바라봐주면 아이들 또한 엄마에게 더 가까이 다가올 것입니다. ♠

아이는 엄마의 칭찬을 먹고 자란다

우리 부모들은 자녀에게 칭찬을 많이 해주어야 한다고 믿고 있습니다. 그래서 아이들을 자주 칭찬하고자 노력하지요. 특히 아이가 좋은 성적을 얻고, 좋은 학교에 들어가고, 좋은 직장을 얻는 게 성공이라고 생각하는 부모는 더더욱 아이들이 그런 것들을 이루게끔 칭찬해주고자 애를 씁니다.

"너는 참 똑똑하구나."

"머리가 좋으니까 조금만 더 노력하면 돼."

이 같은 말로 의욕을 일깨워주면 아이가 학교와 집단에서 어려운 문제를 만날 때마다 좌절하지 않고 잘 해결해낼 것이라고 믿는지도 모르겠습니다. 하지만 부모들이 자라던 시대에는 별로 받아보지 못한 칭찬을 갑자기 하려니 영 쉽지가 않습니다. 게다가 칭찬에도 나름의 요령이 있습니다.

미국의 한 초등학교에서 칭찬에 대한 실험을 해보았답니다. 무작위로 두 집단을 나눈 뒤 시험으로 퍼즐 문제를 풀게 했습니다. 그리고 점수 결과를 알려주며 한마디씩 해주었습니다. 한 집단은 '똑똑하다'는 말로, 또 다른 집단은 '열심히 노력했다'는 말로 칭찬을 해주었지요. 그런 다음 두 번째 시험에서는 아이들에게 조금 더 어려운 수준의 퍼즐과 똑같은 수준의 퍼즐 중 문제를 선택하게 하였습니다.

그러자 두 집단은 이후의 과정에서 큰 차이를 보였다고 합니다. 똑똑하다며 지능에 대한 칭찬을 들은 집단은 자신이 다음 문제를 통과하지 못할까봐 난이도가 높은 문제를 선뜻 택하지 못하는 모습을 보인 반면, 열심히 했다며 노력에 대한 칭찬을 들은 집단은 보다 어려운 난이도의 문제를 주저 없이 선택하는 모습이 확연했던 것이지요. 이 사례에서 우리는 자신감을 심어주려는 의도의 칭찬이 어떠해야 하는지를 유추해볼 수 있습니다.

실험에서처럼 똑똑하다는 말을 어려서부터 자주 들으며 자란 아이들은 자신이 똑똑해야 한다는 부담감과 똑똑하지 않은 결과가 나올 것에 대한 두려움, 염려를 갖게 됩니다. 결국 무언가를 시도했다가 실패해서 부모나 자신에게 실망감, 패배감을 안기기보다는 차라리 아무것도 시도하지 않은 채 자신의 현재 이미지를 유지하고자 할 수 있습니다. 우리 속담에 '가만히 있으면 중간은 한다'라는 게 있듯이 말이지요. 이것이 도전을 멀리 하게 하고, 포기의 경험을 만듭니다. 실제로 어려서 영재 소리를 듣던 아이들 중 적지 않은 수가 학교나 사회 적응에 실패하는 모습을 볼 수 있습니다.

제가 만난 적이 있는 지우라는 아이도 그랬습니다. 어려서 영재라는 말을 들을 정도로 영특한 아이였는데, 이십대 후반인 지금은 사회 접촉을 최소화하고 PC로 인터넷 게임을 하는 데 대부분의 시간을 보내고 있습니다. 자신의 삶이 실패와 좌절의 연속이라는 생각이 굳어져 더 이상 도전하거나 인내하려고 하지 않는 것이지요. 그처럼 안타까운 젊은이를 종종 만나게 됩니다.

자녀에게 좋은 칭찬, 나쁜 칭찬

그러면 도대체 칭찬을 어떻게 해야 하는 것일까요? 그와 관련해 비효과적인 칭찬과 효과적인 칭찬으로 나누어 생각해보겠습니다. 먼저 비효과적인 칭찬입니다.

첫째, "넌 원래 똑똑해.", "넌 타고난 머리가 있어."처럼 선천적이거나 기질적인 부분에 대한 칭찬을 하면 아이들은 당장에는 기분이 좋은 듯하지만 시간이 지나면서 점점 의욕을 잃게 됩니다. 선천적인 자질에 대한 칭찬이 좋지 않은 이유는 바로 그에 대한 자기 통제력을 가질 수 없기 때문입니다. 자신의 노력으로는 변하지 않는, 더 이상 어찌할 수 없는 것으로 받아들이게 된다는 말이지요.

둘째, 어떤 행위의 결과만을 칭찬하는 것도 좋지 않습니다. 칭찬에서 아이가 받아들이는 것은 그 결과이기 때문입니다. 따라서 과정보다는 결과에 집착할 수 있습니다.

예를 들어 성적이 올랐다는 이유만으로 '잘했다'는 말로 결과에 대해 칭찬(보상)하고 그 과정과 노력에 대한 판단이 없는 경우입니다. 이후 아이는 부모의 기대치에 대한 압박을 느낄 수 있습니다. 결과에 의해 얻게 되는 보상에 집착하는 아이도 있지요. 성적을 조작하거나 컨닝 같은 부도덕한 행위를 하는 것입니다.

셋째, 지나치게 과하거나 진심이 담기지 않은 칭찬은 오히려 아이의 신뢰를 낮추는 결과를 가져옵니다. 구체적인 근거나 진심 없이 칭찬하는 것을 아이들이 모른다고 생각하면 안 됩니다. 아이들은 매우 민감해서 어른의 칭찬 속에 숨은 의도를 바로 알아챕니다. 뿐만 아니라 진정성이 담기지 않은 칭찬을 오히려 역이용하기도 합니다. 예컨대 자신이 원하는 것을 얻기 위해 보상을 조건으로 내거는 경우가 그런 맥락일 것입니다.

넷째, 칭찬을 지나치게 남발하게 되면 아이가 칭찬에 중독될 수도 있습니다. 예를 들어 아무것도 아닌 일인데도 마구 칭찬하는 습관이 있다면, 아이는 자신이 무엇을 했든 간에 긍정적 칭찬이 있어야 한다는 생각을 무의식적으로 갖게 됩니다. 그 결과 아이는 다른 사람들의 반응에 지나치게 신경 쓰는 나머지 주위의 눈치를 보는 습관이 만들어질 우려가 있습니다.

아마도 칭찬에 대해 헷갈리는 분들이 적지 않을 것 같습니다. '칭찬은 고래도 춤추게 한다'며 많이 칭찬해주라는 지침이 있는가 하면 위에서처럼 좋지 않은 칭찬도 분명 있으니까요. 사실 칭찬은 잘하면 아이들에게 좋은 영향을 미칠 수 있는 매우 유용한 도구입니다. 그런데 무조건 많이 칭찬해주는 게 아니라 전제가 있어야 하지요. 바로 칭찬을 '잘해야' 한다는 것입니다.

칭찬을 잘하기 위해서는 무엇보다 상대의 긍정적인 부분(칭찬거리)을 볼 수 있어야 합니다. 칭찬을 자주, 잘하다 보면 상대를 바라보는 긍정적 관점이 발달하게도 되지요. 그 결과 칭찬하는 사람 자신의 마음도 편안해집니다. 아이를 못마땅해하거나 비난하는 불편한 마음에서 칭찬하고자 하는 긍정적인 마음으로 변화하기 때문입니다. 그러고 보면 아이를 위한 칭찬이 실은 어머니 마음의 평안에도 적잖이 도움이 됩니다.

칭찬은 아이에게 엄마로부터 사랑받고 존중받고 있다고 느끼게 하는 가장 좋은 방법 중 하나입니다. 집 안에서 사랑받고 존중받는 아이는 밖에서 자신감 있게 행동할 수 있습니다. 모든 일에 당당하게 맞설 수 있는 용기가 칭찬의 경험을 통해 만들어집니다.

좋은 칭찬은 지나치지 않고, 모자라지도 않아야 합니다. 그래야 아이와 엄마와의 관계를 보다 따뜻하고 행복하게 만들어주지요. 이런 긍정적인 관계에서 아이는 부모의 마음을 기쁘게 해드리기 위해 노력을 기울입니다. 사람은 자신을 믿고 존중해주는 이를 위해 목숨까지 바칠 수 있는 존재입니다. 하물며 부모님에게야 더욱 그런 마음이 들지 않을까요? 아이는 부모님이 좋아할 일들을 찾아 적극적으로 행동할 가능성이 높아집니다. 공부, 생활태도, 언어 습관, 배려하는 마음까지 일일이 잔소리를 하지 않아도 스스로 알아서 하려는 마음을 품게 되는 것이지요.

아이를 효과적으로 칭찬하는 3가지 요령

아이는 칭찬을 받으면 자신이 칭찬받은 부분에 대해 자신감을 갖게 되고, 스스로에게도 신뢰가 생깁니다. 또한 칭찬해주는 상대에 대해 긍정적인 마음과 호감이 높아지기도 하지요.

앞에서 언급했듯이 칭찬을 하는 사람 또한 사물을 긍정적으로 바라보게 되어 마음의 평화가 만들어지지요. 자신의 마음이 편안해지고, 상대를 좋은 시선으로 바라보면서 더더욱 안정되는 선순환의 사이클이 돌아갑니다. 칭찬받는 사람과 칭찬하는 사람 모두에게 긍정적인 영향을 미치는 것이 바로 칭찬의 힘입니다. 그런 칭찬을 어떻게 쓰느냐에 따라 효과는 더욱 배가될 수 있습니다. 그러면 칭찬을 효과적으로 잘하는 법에 대해 알아보겠습니다.

첫째, 칭찬의 근거 찾기입니다. 칭찬을 할 때 분명한 근거가 있다면 상대는 보다 잘 받아들이게 되어 칭찬의 효과를 높일 수 있습니다. 그 근거가 바로 칭찬거리이지요.

요리에서 일단 재료가 있어야 맛있는 요리가 나올 수 있듯이 칭찬도 마찬가지입니다. 칭찬거리를 찾아내는 눈이 필요합니다. 예를 들어 아이가 신발을 가지런히 벗어서 정리했다면, 이 또한 칭찬거리가 될 수 있습니다. 이처럼 칭찬거리는 아이의 행동, 태도, 능력, 가치관, 외모, 대인관계, 특기, 취미 등등 매우 다양합니다. 어떤 것이라도 칭찬거리가 될 수 있습니다. 지난 번 시험보다 평균 2~3점이 올랐다면 그 작은 점수 차이도 칭찬거리가 될 수 있습니다.

"와~ 신발을 가지런히 정리했구나!"(1차적 칭찬)

이 같은 감탄사만 언급해도 아이는 자신의 행동이 인정받는다는 생각에 기뻐할 것입니다.

둘째, 그런 행동이나 결과가 나오게 된 성품, 마음, 자원, 능력, 태도 등을 찾아내기입니다. 성적이 평균 2~3점 오르려면 무엇이 필요할까요? 성적을 올려야겠다는 다짐과 그에 상응하는 노력이 있어야 할 것입니다. 다시 말해 현재의 자신에 대한 정확한 판단, 책상에 오래 앉아있을 인내심과 공부를 위한 집중력, 미래에 대한 포부, 부모님께 기쁨을 드리려는 효심 등등의 태도와 자질이 있어야 가능한 결과이지요. 물론 이런 능력이 100만큼 완전하다는 게 아니라 이런 부분이 조금이라도 내면에 있다는 사실을 인정해주자는 것입니다. 그래서 아이가 그 능력을 더 키울 수 있도록 지지와 격려를 해주는 게 효과적인 칭찬의 본질입니다.

신발을 가지런히 정리하는 아이의 경우도 마찬가지입니다. 이는 정리정돈이 습관화되었을 수도 있지만, 솔선수범하는 마음과 생각을 행동으로 옮기는 실천력, 타인에 대한 배려 등의 품성이 어우러져야 가능한 행동이기도 합니다.

"신발을 가지런히 정리하는 것만 봐도 평소의 생활태도와 남을 배려하는 마음을 알겠구나."(2차적 칭찬)

셋째, 아이의 행동이나 태도가 엄마에게 어떤 영향을 주었는지를 분명하게 알려주기입니다. 작고 사소한 칭찬거리라도 아이의 가능성을 엿봤다는 점에서 엄마에게는 흐뭇한 일일 테지요.

"그렇게 하는 걸 보니까 엄마는 네가 참 대견하고 믿음직스러워!"
(3차적 칭찬)

이 같은 칭찬은 아이에게 어떤 영향을 미칠까요? 자신의 작은 행동이 상대를 기쁘고 행복하게 만들었다는 사실에서 자부심과 자신감이 심어지게 됩니다. 대단한 행동이 아닌데도 자신의 마음을 알아주고 인정해주는 엄마에 대해 고마움이나 사랑을 느끼게도 되지요.

그리고 앞에서처럼 하나하나 칭찬하는 것도 좋지만 이 모든 것들을 한데 모은 칭찬의 종합선물세트를 주는 것은 더욱 효과적입니다.

"와~ 신발을 가지런히 정리했네! 이것만 봐도 평소의 생활태도와 남을 배려하는 마음을 알겠구나. 엄마는 그런 모습의 네가 참 대견하고 믿음직스러워!"

칭찬이 너무 긴 것 같아 어색하다는 분들도 있기는 하지만, 듣는 사람은 다릅니다. 칭찬의 정확한 근거를 대고 말한다면 자신을 속속들이 알아주는 말에 처음에는 부자연스러워도 기분은 좋습니다. 그 같은 어색함은 몸에 익고 나면 자연스럽게 사라질 것이고요.

엄마의 진심 어린 칭찬은 어린아이일수록 더욱 기뻐하고 행복해합니다. 아이는 엄마의 칭찬을 먹으며, 엄마의 칭찬대로 자라는 존재입니다. 엄마는 말만으로도 내 사랑하는 아이에게 종합선물세트를 줄 수 있지요. 아이의 자존감을 듬뿍 높여주는 영양 만점의 비타민 종합선물세트를 말입니다. ♠

존중받지 못한 아이는 배려할 줄도 모른다

엄마들을 만나서 자녀에 대한 이야기를 나누어보면 대개 엇비슷한 고민이 나옵니다. 그중 하나가 아이들이 자기 일을 좀 알아서 했으면 좋겠다는 이야기입니다. 그런데 정말로 아이들이 자기 일을 다 알아서 잘하기를 바라는가 하면 꼭 그렇지만은 않습니다. 엄마들이 말은 그렇게 해도, 정작 아이들에게 바라는 것은 엄마의 말대로 따라주고 행동해주었으면 하는 것입니다.

예를 하나 들겠습니다. 서진이는 고등학교 3학년으로 예체능계를 지망하는 학생입니다. 엄마는 서진이의 뒷바라지에 너무 지친다고 말합니다. 하지만 서진이가 하루만이라도 자신의 생각대로 행동하려고 하면 집안이 온통 뒤집어집니다. 엄마가 서진이에게 대놓고 화내지는 않습니다. 그 대신 아빠에게 짜증을 내고 동생에게 화를 냅니다. 그리고 서진이에게는 자신이 쓸데없는 일을 해왔다며 넋두리를 늘어놓습니다. 여기에 서진이가 다시 수험생 모드로 돌아가 다람쥐 쳇바퀴를 돌리는 것으로 소란이 멈춥니다. 하루만큼은 자신의 뜻대로 해보려던 계획이 무산되고 엄마가 짜놓은 스케줄에 맞추고 마는 것이지요. 이런 일이 반복되면서 서진이의 실력은 그대로인 채 어느 날 폭력적인 반응이 나오자 엄마가 상담실을 찾았습니다.

아무것도 스스로 하지 않는 아이, 자기만을 아는 아이, 다른 사람을 배려하지 않는 아이가 되어버린 서진이를 보며 엄마는 화를 내보기도 하고, 때려보기도 하고, 물건을 사주는 것으로 달래보기도 했지만 소용이 없었나 봅니다. 서진이 엄마는 어떻게 하면 좋을까요? 그녀가 침이 마르게 말하는 '자신의 일은 스스로 책임지고, 다른 사람을 배려하는 모습'을 서진이가 갖추려면 대체 무엇이 필요할까요?

엄마들이 흔히 하는 오해 중 하나는, 아이가 자신의 일을 스스로 하도록 교육시켜야 책임감 있게 성장한다고 믿는 것입니다. 그래서 엄마들은 책상 위는 직접 치우고 자고 일어난 이부자리도 알아서 정리해라, 옷을 벗었으면 옷걸이에 걸고, 쓰고 난 수건은 빨래통에 바로 넣어라는 식으로 버릇을 들이고자 애를 씁니다.

책임감과 배려심은 자신과 타인과의 관계를 조화롭게 유지할 수 있도록 상황을 판단하고 행동하는 능력을 일컫는다고 생각합니다. 그래서 무엇보다 자신과 타인의 경계를 적절하게 조절할 수 있는 판단력이 필요합니다. 이런 능력은 어린 시절부터 자신의 경험 세계 안에서 차츰 형성됩니다. 무작정 역할이나 일을 떠맡겨 그걸 제대로 완수하도록 한다고 해서 길러지는 덕목이 아니라는 말이지요. 책임감과 배려하는 마음은 타인과의 관계에서 배울 수 있습니다.

책임감 있고 배려깊은 아이로 키우기

일곱 살 꼬마 숙녀 은영이는 옆에서 볼 때 참 속이 깊다는 생각을 들게 합니다. 가족이 함께 외출할 때 짐이 많은 엄마가 동생을 잘 챙기지 못하겠다 싶은지 세 살이나 어린 동생의 손을 꼭 잡고 다닙니다. 마구 뛰어다니고 싶어 하는 남동생이라 힘에 부치기도 하련만 잘 챙겨주지요.

또 한번은 동생이 무언가 잘못을 해서 아빠에게 꾸중 들으며 매를 몇 대 맞기로 할 때였습니다. 동생이 매를 맞으며 아프다고 도망치자, 은영이는 아빠에게 자신이 나머지를 대신 맞겠다며 동생의 용서를 청합니다. 나중에 물어봤더니 동생이 아프다고 자꾸 도망가면 아빠가 더 화나실 것 같기도 하고, 함께 책임을 지면 동생이 조금 덜 아플 것 같았기 때문이라고 말합니다. 그렇게 스스로 청해서 매를 끝까지 참고 받아들이는 모습에 아빠는 은영이의 기특한 마음을 칭찬하고, 동생의 잘못도 용서해주었습니다.

비록 어린 나이이지만 은영이는 상황에 대한 판단력과 다른 이의 아픔에 대한 공감 능력, 그리고 공동체 내의 자신의 역할에 대한 책임감을 보여주었습니다. 또한 아빠의 칭찬은, 매를 대신 맞을 테니 동생을 용서해 달라는 의견에 대한 존중을 경험하게 해주었지요. 이렇듯 책임감 있고 배려심 있는 아이로 자라기 위해서는 부모의 세심한 노력이 필요한데, 그중 몇 가지 포인트를 말씀드리겠습니다.

첫째, 자신이 먼저 배려받고 존중받은 경험이 있어야 합니다.

다른 사람이 자신을 귀하게 여기고, 사랑하고, 존중한다고 느낄 때 아이의 관심은 자연스럽게 타인에게로 옮겨갑니다. 그리고 자신이 받은 그대로, 본 그대로를 실천할 수 있게 되지요. 반면에 주위의 배려와 존중을 경험하지 못하며 자란 아이는 아무리 책임감과 배려심을 강조해 교육한다고 해도 제대로 된 실천이 어렵습니다. 자신은 여태 그런 대접을 받아보지 못했기 때문입니다.

둘째, 자신의 수준에 맞는 성공 경험의 기회를 주어야 합니다.

아이는 홀로 뭔가를 완성하는 경험을 통해 성공감과 만족감을 느끼게 됩니다. 또한 자립심이 높아지는 데다가 스스로에 대한 믿음도 향상되지요. 그림을 그리거나, 장난감을 조립하거나, 숙제를 하거나, 혹은 작은 심부름이라도 혼자 해봄으로써 아이는 성공의 경험을 쌓아갑니다. 이때 엄마가 곁에서 아이의 행동에 대한 칭찬을 해주면 더욱 자부심을 느끼고 만족하게 됩니다. 이런 긍정의 감정들이 아이의 마음을 여유롭게 해주고, 그 결과 차츰 타인에 대한 관심으로 자연스럽게 에너지가 향합니다.

셋째, 함께 무언가를 해나가는 과정의 경험이 중요합니다.

가족이 힘을 합해 무언가를 성취하는 경험은 아이가 배려와 책임감을 몸으로 익힐 수 있는 시간입니다. 이때는 되도록 각자의 역할을 정해 맡은 바를 완수하면 더욱 좋습니다. 아이의 역할이 매우 중요하고 또 많은 도움이 되었다는 것을 알려주면 자신의 존재에 대한 인정과 자부심을 느끼는 기회가 되기도 하지요. 이러한 경험은 가족(조직)에 대한 책임감뿐만 아니라 자신의 필요성(존재감), 남을 도와줄 수 있는 능력(배려심), 함께 이룰 수 있는 힘(협동심)을 높여주기 때문에 매우 좋은 방법이라고 하겠습니다. 게다가 역할을 맡길 때에도 부모가 일방적으로 정해줄 게 아니라 아이의 의견을 반영해 함께 결정한다면 더욱 좋을 것입니다.

넷째, 격려와 위로입니다.

부모님의 서투른 대처 중 하나는 아이가 실패를 경험했을 때입니다. 아이가 뭔가를 하다가 실패했거나 잘해내지 못했을 때, 혹은 실수했을 때에 아이에게 필요한 것은 꾸중이나 비아냥이 아닌 따뜻한 격려와 위로입니다. 사실 성공했을 때에는 누가 칭찬해주지 않아도 아이에게 미치는 부정적 영향은 비교적 적습니다. 하지만 실패나 좌절이라면 대다수 아이들이 마음의 상처를 입습니다. 당연히 학업이나 장래에도 영향을 미치게 되지요. 그래서 실패나 좌절을 잘 딛고 일어날 수 있도록 도와주는 게 부모의 중요한 역할입니다. 또한 아이가 자신의 좌절과 실패를 인정하고 위로받았을 때 타인의 실수를 너그럽게 받아들이는 배려심이 자라날 것입니다.

아이의 책임감과 배려심은 말로 교육되는 게 아닙니다. 또한 억지로 무언가의 책임이나 역할을 떠맡겨서도 기대하기 어렵습니다. 아이 스스로 그러한 마음이 들도록 깨우쳐주고 여건을 만들어줘야 합니다. 그렇게 마음의 습관으로 자리 잡기까지 직접 경험하는 과정의 반복을 통해 몸에 배어야 하는 것이지요. 부모는 그 기회를 제공하고, 방향을 바로잡아주는 역할을 해야 합니다.

아이를 믿고
기다려줄 수 있는 마음

여러 번의 상담을 통해 서진이 어머니는 자신이 아이를 너무 휘둘렀다는 사실을 깨달았습니다. 아이를 위한다는 마음에 효율만을 따지며 치밀하게(?) 계획을 세운 자신을 돌아볼 수 있게 된 것이지요. 하루 일과를 스케줄로 꽉 채우고 좋은 선생님을 붙여주려고 했던 것은 어디까지나 자신만의 판단에 따른 행동이었습니다. 한 번도 진심으로 서진이에게 물어본 적이 없었습니다. 아이의 의견을 듣는다고는 했지만, 그건 상의가 아니라 일방적인 결정에 불과했습니다.

물론 이러한 사실을 깨닫는 것만으로 문제가 해결되지는 않습니다. 어느새 습관이 되었기 때문이지요. 자신도 모르게 자꾸 좋지 않은 말과 행동이 나와버립니다. 하지만 알아야 변화도 가능해집니다. 그렇게 무엇이 진짜 문제인지를 알고 자신의 행동에 대한 깊은 통찰이 있을 때 방법 또한 보이는 법입니다. 물론 쉽지는 않지요.

여기까지 생각이 미친 서진이 어머니에게는 또 다른 고민이 생겼습니다. 이미 고3인데 이제 와서 서진이의 의도에 맞춘다는 게 너무 때늦지는 않았나 하는 불안함이었습니다. 그런데도 어머니는 결국 견디어냈습니다. 지금 자신이 바뀌지 않으면 이미 무기력의 늪에 빠진 아이의 미래는 더더욱 어두울 수밖에 없기 때문입니다.

서진이 어머니는 서진이가 스스로 알아서 하도록 곁에서 인내하고 기다리는 쪽을 선택했습니다. 그녀에게는 너무도 힘들고 괴로운 시간이었지만 상담을 받으며 참고 견디기로 한 것입니다. 사실 사랑하는 자식 일에 직접 관여하기보다 지켜봐야만 하는 게 훨씬 어려운 일일지도 모르겠습니다. 하지만 아이를 지켜본다는 것은 곧 믿고 기다려준다는 것이기도 하지요.

그 결과는 어땠을까요? 다행히도 서진이가 많이 노력해서 좋은 결실을 맺을 수 있었습니다. 나중에 안 사실이지만, 서진이 어머니는 결과가 안 좋아서 아이가 재수를 하더라도 일년을 더 기다릴 각오까지 하고 있었습니다. 본인으로서는 크나큰 결심이었지요. 그럴 만큼의 마음의 여유와 믿음이 생겨난 것입니다. 서진이 또한 아주 소중한 성공 경험을 할 수 있었고요.

만일 서진이 어머니가 자신의 방식을 포기하지 않았더라면 어떻게 되었을까요? 어쩌면 아직도 서진이는 엄마가 만들어놓은 삶의 길 위에 자신을 올려놓고 무기력하게 갇힌 일상을 보내고 있지 않았을까요? 그리고 그 같은 서진이의 좌절과 아픔은 언젠가 다시 엄마를 향하게 될지도 모를 일이지요. ♠

사랑에는 한 가지 법칙밖에 없다.

그것은 사람을 행복하게 만드는 것이다.

· 스탕달 ·

아이는 부모의 잣대로 자기를 평가한다

외동이 상아는 초등학교 3학년 때 왕따를 당한 경험이 있습니다. 그 때문에 학교에 가기 싫다거나 갑자기 배가 아프다는 말로 둘러대곤 했지요. 맞벌이를 하시는 부모님은 아이가 왜 그러는지 몇 번이나 물어보고서야 겨우 자초지종을 알게 되었습니다. 이후 전학을 시키는 등의 갖은 애를 썼지만, 전에는 활발하던 아이가 점점 말이 없고 외톨이로 변해 갔습니다. 그저 제 관심사에만 매달리고 일상생활에는 매우 무관심하고 무표정한 태도를 보이게 되었지요.

그런데 상아는 왜 자신이 힘들다는 사실을 진작 엄마에게 말하지 않았을까요?

엄마에게
터놓고 말하지 못하는 아이들

돌이켜보면 상아는 그럴 수밖에 없었다는 생각이 듭니다. 상아의 부모님은 하루하루 바쁘고 힘겹게 생활하고 있습니다. 작고 힘없는 아이들도 바쁘고 힘든 부모님을 지켜보며 많은 생각을 합니다. 부모님을 위해 자신이 어떤 역할을 해야 할 것 같은 마음이 들기도 하지요. 그중 하나는 엄마를 힘들게 하지 말아야 한다는 생각입니다. 곁에서 보기에도 바쁘게 일하는 엄마에게 자신마저 힘들게 해서는 안 된다는 마음을 품는 것이지요.

한편으로 엄마는 자신의 일이 힘에 부치면 가장 먼저 감정을 쏟아놓는 대상이 자녀이기 쉽습니다. 아이가 부정적 정서의 폭발 대상이 되어 화나 짜증을 여과 없이 내보냅니다. 남편이나 남들이라면 이런저런 필터로 걸러냈을 단어들이 무방비 상태인 자녀에게 마구 내뿜어지는 것입니다.

이런 환경에서 아이는 엄마가 힘들면 자신의 세계가 안전하지 않다는 생각과 함께 불안을 느끼게 됩니다. 그래서 자신이 힘들어도 부모에게 솔직하게 터놓고 말하기를 어려워하는 것입니다.

상아는 제게 이렇게 고백했습니다. '엄마도 힘들어. 가족끼리 그것도 이해 못 해줘?'라는 말을 들을 때마다 너무도 혼란스러웠답니다. 그리고 화도 나고 억울하기도 하고 또 그런 자신이 못마땅하기도 했습니다. 왜냐하면 어린 나이의 상아는 엄마가 잘 이해되지 않았거든요. 그런데 이해할 수 없다고 자기의 진심을 말할 수 있었을까요? 가족인데도 이해 못 하는 자신은 가족의 역할을 제대로 못 하게 된다는 딜레마에 부딪치게 되고, 상아는 그런 자신에 대해 다시 엄마에게 죄책감을 느끼고 있었습니다.

어린아이가 엄마를 이해한다는 것은 너무나 어렵습니다. 아이들의 눈높이는 매우 낮아서 어른들이 보는 만큼 볼 수가 없습니다. 아주 당연한 사실인데도 어른들은 미처 이 사실을 잊어버리는 일이 많은 것 같습니다. 이론적으로는 대다수 부모님들이 알고 있다고 말씀하지요. 아이와 눈높이를 맞춰야 한다! 하지만 막상 자신의 눈앞에 그 같은 상황이 펼쳐지면 부모님은 자신의 눈높이와 잣대를 아이에게 요구합니다.

아이들은 엄마가 별 의미 없이 넋두리로 하는 말만으로도 자신을 단정 지어버립니다. 게다가 자기마저 힘들다고 말하면 엄마가 더 힘들어지고, 그처럼 힘든 엄마를 이해하지 못 하는 자신은 가족의 역할을 다하지 못한다고 생각하곤 합니다. 부모의 잣대로 자기를 판단하는 것이지요. 엄마를 이해 못 하는 자신은 나쁜 아이가 되어버린 것만 같습니다.

물론 엄마는 아이에게 엄마의 모든 것을 이해해 달라는 의도는 아니었을 테지요. 그저 엄마의 말을 들어줄 누군가가 필요했을 뿐이고, 흘러가는 입버릇에 불과했습니다. 하지만 아이는 엄마의 의도와는 상관없이 자기의 눈높이에서 상황을 판단하고 자신을 단정해버립니다. 실상을 알고 보면 어처구니없는 일이지만 바로 그것이 아이의 눈높이이고, 아이의 세계입니다.

참 사소한 말 한마디가 아이를 옥죄고, 죄의식을 심어주고, 자신감을 약화시킨다는 사실을 느끼곤 합니다. 그럴 때마다 아이들이 주변 상황에 얼마나 많은 영향을 받는 여리고 약한 존재인지를 다시금 생각하게 되지요. 아이와 눈높이를 맞추라는 말은 아이가 바라보고 이해하는 세계를 헤아리라는 뜻이 아닐까요?

아이의 마음을 보듬어주는 엄마의 말

부모님 모르게 아이가 입는 상처들이 있습니다. 아니, 엄마 또한 알면서도 미처 챙겨주지 못해 입는 상처일지도 모릅니다. 자녀는 자신의 아픔에 대한 신호를 줄곧 보내지만, 그것을 제대로 알아채지 못해 생기는 일이지요.

영인 씨는 삼사십 년이 지난 지금, 자신의 어릴 적 트라우마를 제게 들려주었습니다. 어린 나이에 입은 상처를 자신이 어떻게 해석했고, 또 그 상처를 지닌 채 이제껏 어떻게 살아왔는지를 말이지요. 어릴 때 영인 씨의 부모님이 자신을 사랑하지 않은 것은 아닙니다. 그 당시의 상처를 부모님이 해결할 방도가 전혀 없었던 것도 아니었지요. 하지만, 아이의 입장과 심정을 제대로 헤아리지 못해 결국 문제 해결의 기회를 놓쳐야 했습니다. 그 대가로 영인 씨는 상처를 가슴에 묻어둔 채 지금껏 살아올 수밖에 없었습니다.

초등학교 저학년 때의 어느 날, 영인이는 이웃집 오빠로부터 성추행을 당했습니다. 당시에 영인이는 부모님께 그 사실을 말씀드리지 못한 채 마음속에 숨겨야 했습니다. 그러다가 몇 년 후 엄마에게 그런 일이 있었다고 말씀드렸지요. 하지만 엄마의 반응은 전혀 뜻밖이었습니다. 엄마는 왜 이제야 그런 이야기를 하느냐며 영인이를 꾸짖었고, 그 집에 가서 따지겠다며 화를 냈습니다. 깜짝 놀란 영인이는 실은 그게 아니라며 바로 말을 바꾸었고, 공연히 얘기했다고 후회하며 입을 다물었습니다.

하지만 이 일은 자신의 경험 세계에서, 고충을 털어놓았다가 더 큰 곤란을 겪은 기억으로 자리 잡게 되었습니다. 이제는 속내를 누구에게도 말하지 말아야겠다는 그릇된 신념이 생기게 되었지요. 이후로도 마음은 늘 무겁고 심란했습니다. 공부를 해도 성적이 오르지 않았고, 말을 가리다 보니 어른들은 물론 친구들과도 조심스러운 사이가 되었습니다.

영인이, 그리고 앞에서 소개한 외동이 상아는 둘 다 어른들의 반응으로 인해 자신이 겪은 마음의 상처를 그대로 내면에 묻어두어야 했습니다. 아픔은 아픔 그대로인 채 아무런 도움이 안 되는 생각과 행동을 만들어 그 틀 안에 자신을 가두고는 스스로를 괴롭혀 왔지요. 참으로 안타까운 일이 아닐 수 없습니다.

만약 영인이의 어머니가 아이 마음의 상처를 보듬어주는 게 그 무엇보다 먼저라는 사실을 알았다면 아이를 꾸짖거나 화부터 내지는 않았을 것입니다.

"그런 큰일이 있었다니 그동안 많이 힘들었지? 하지만 그건 네 잘못이 아냐."

"혼자서 감당하느라 얼마나 힘들었을까……."

이 같은 말로 그동안의 마음고생을 헤아려주었다면 아이는 큰 위안을 받았을 것이고, 사실을 있는 그대로 털어놓을 용기를 낼 수도 있었겠지요.

이 같은 사연을 종종 접하면서 아이가 문제 상황에 처했을 때 엄마는 문제 해결의 우선순위를 고려할 필요가 있다는 생각이 들었습니다. 곤란한 지경에 처했을 아이에게 엄마가 화를 내거나 꾸중부터 하는 이유는 무엇일까요? 단언컨대 내 아이가 상처를 입었거나, 불이익을 경험했거나 앞으로 당하지 않을까 하는 걱정 때문이겠지요. 그렇다면 더더욱 아이를 먼저 챙겨야 할 것입니다. 육체적, 심리적 상처를 돌보는 것이 가장 먼저여야 하지요. 겉으로 드러나는 육체적 상처와는 달리 마음의 상처는 눈에 보이지 않으니 더욱 신경 쓰고 치유해주어야 합니다.

사람의 몸과 마음은 매우 유기적인 관계에 있습니다. 마음이 아프면 몸도 탈이 나게 마련입니다. 무엇보다 눈에는 보이지 않는 마음의 상처가 소중한 내 아이의 평생의 삶을 흔들 수도 있다는 사실을 잊지 말아야겠습니다.

부모는 아이를 보호할 의무와 책임이 있습니다. 그래서 아이들을 물리적 위험으로부터 잘 지키는 것도 중요하지만, 그 이상으로 아이들의 마음 또한 잘 돌볼 수 있어야 합니다. 자기 마음을 충분히 방어하지 못하는 어린아이들이 문제 상황에 놓였다면 아이의 입장, 마음부터 가장 먼저 헤아려야 합니다. 그래야 마음이 덜 다칩니다. ♠

행복의 한쪽 문이 닫히면 다른 쪽 문이 열린다.
하지만 우리는 흔히 닫힌 문을
오랫동안 바라보기 때문에
우리를 위해 열려 있는 다른 쪽 문을 보지 못한다.

· 헬렌 켈러 ·

자녀에게
결정권을 내어주세요!

최근에 저를 찾아온 학생이 있었습니다. 어머니 손에 이끌려오기는 했지만, 본인도 답답해서 상담소 도움을 받기로 마음먹었다고 합니다. 이 학생은 키가 훤칠하고 서글서글한 눈매에 이목구비도 뚜렷했습니다. 한눈에 보기에도 참 잘생겼다 싶은 인상입니다. 남자인데도 몸매가 늘씬하니 매력이 있었고, 아주 선해 보이기까지 했습니다. 이렇게 잘나 보이는 학생에게 무슨 고민이 있을까?, 하는 호기심마저 들었습니다.

그런데 그처럼 잘생긴 얼굴과는 달리 학생의 표정은 꽤 긴장되어 있습니다. 얼굴빛도 매우 어두웠지요. 무슨 일로 오게 되었는지 연유를 물어보자 자신이 뭘 원하는지 모르겠다고 합니다. 그리고 늘 다른 사람의 눈치를 보고, 다른 사람의 기분에 따라 자신의 기분이 변한다는 말도 덧붙였습니다. 그 같은 태도가 너무 마음에 들지 않지만, 자신도 모르게 저절로 주위 눈치를 보고 있더랍니다.

이런 문제는 비단 이 학생만의 이야기가 아닙니다. 요즈음 제가 만난 많은 젊은이들이 그와 비슷한 문제를 안고 있었습니다.

또 이런 학생도 있었습니다. 그는 친구들이 너무 좋답니다. 그런데 문제는 친구들의 말을 거절하지 못한다는 것이었습니다. 부탁을 거절하면 친구들이 자기를 싫어할까봐 그냥 들어준답니다. 그런 일이 자꾸 쌓이니까 자신이 바보 같아서 자꾸 짜증이 납니다. 그래도 차마 친구들에게 화를 내지는 못하고 집에 와서 짜증을 내는 일이 많아졌지요. 딱히 이유가 있는 것 같지도 않은데 짜증부터 내는 아이를 다 받아줄 부모는 없을 것입니다. 그러다 보니 부모님과의 갈등은 커져만 갔고, 마침내는 아무것도 하기 싫어졌다고 합니다.

늘 무기력하고 삶에 대한 의욕마저 사라진 아이들이 많아졌습니다. 이들은 대개 보호되고 최상의 방법이라고 부모님이 안내해주는 대로 이끌려 살아왔습니다. 그런데 어느 날부터 자신의 삶이 즐겁고 행복하지가 않습니다. 만사가 귀찮아서 자신이 뭘 원하는지는커녕 생각하는 일 자체가 머리 아픕니다. 그래서 누군가 질문을 해오면 '잘 모르겠다'고 대답하고, '귀찮다'고 말하고, '머리 아프다', '짜증 나'라는 말을 입에 달고 삽니다.

스스로 결정하지 못하는 요즘 아이들

대체 이 멀쩡한 아이들이 왜 이렇게 홀로 속을 끓이며 힘들어하게 되었을까요? 생각이라는 것을 귀찮고 머리 아픈 것으로 여기게 된 연유는 과연 무엇일까요?

이 아이들은 대체로 다른 사람들의 눈치를 많이 보고 있습니다. 그들이 나를 어떻게 보는지에 신경 쓰고 행여 자신을 나쁘게 생각하지는 않을까 걱정합니다. 그래서 자신이 먼저 뭔가를 하고 싶다거나 하자고 제안을 잘 못 합니다. 공연히 먼저 말을 꺼냈다가 상대가 거절하면 스스로를 몹시 자책하고 후회하지요. 그들의 모토는 '가만 있으면 중간은 간다'입니다. 눈치를 보며 이럴까, 저럴까 망설이다가 끝내 시간만 허비합니다.

그들이 이렇게 행동하는 데는 저마다의 이유와 특징이 있을 텐데, 그중에 공통적인 부분을 중심으로 살펴보자면 이렇습니다.

첫째, 무언가를 잘 결정하지 못합니다.

요즘 말로 '결정 장애'를 지닌 것처럼 보이지요. 평소에 스스로 결정을 해본 경험이 별로 없습니다. 하다못해 친구들과 식당에서 주문을 해도 "나도 그거."라는 말로 결정을 따라하곤 합니다. 자신만의 선택 영역인 옷을 고르거나 신발을 고를 때조차 옆 사람에게 결정을 의존하는 모습도 흔히 보입니다. 정작 큰일은 삶의 문제에 직면했을 때지요. 삶에는 중요한 결정을 해야 되는 상황들이 차고 넘칩니다. 자신이 좋아하는 일이나 학교, 그리고 직업이나 결혼 상대 등등 생의 중요한 순간은 대부분 결정의 힘을 필요로 하지만, 이들은 거의 우유부단한 태도로 일관하곤 합니다.

둘째, 자기표현에 서투릅니다.

우선 자기 속에 있는 말을 많이 하지 않습니다. 그래서 그들의 속내를 주위에서는 잘 모릅니다. 그러면 본인은 자기의 마음을 잘 알까요? 저는 그것을 자주 물어보는 편인데, 대체로 스스로도 자기 마음을 잘 모르겠다는 대답이 돌아옵니다. 또는 말을 무수히 많이 하지만 정작 자신과 관련된 말수는 거의 없는 경우도 있습니다. 일상적인 이야기나 뉴스에 관해서는 많이 말해도 자신의 의중이나 마음 상태를 표현하는 것은 거의 본 적이 없습니다.

셋째, 착하다는 말을 자주 듣습니다.

친구들에게 자신이 원하는 것보다는 상대가 원하는 것을 잘 들어주다 보니 의외로 주변의 인정을 받는 것처럼 보이는 것입니다. 또한 착하다는 주위 평가로 인해 타인의 말은 꼭 들어줘야 한다는 의무감을 스스로 지우기도 합니다. 자신의 상황을 고려하지 않고 무작정 부탁을 받아들여서는 혼자 힘겨워하는 것이지요.

넷째, 자기 믿음이 부족합니다.

이는 소신을 갖고 밀어붙이는 힘이 부족하다는 의미이기도 합니다. 스스로를 믿지 못하니 아무리 능력이 있어도 끝까지 버티기 어렵습니다. 그래서 더욱 다른 사람들의 말에 영향을 받고, 그들의 시선과 판단에 의해 자신의 행동이 좌우되는 경험을 하게 됩니다. 이렇듯 자기 믿음이 부족해진 데는 독립적으로 무언가를 성취한 경험이 부족하다는 게 큰 이유 중 하나입니다. 중요한 타인(주로 양육자)에게 자신의 자유와 권리를 내맡기고, 본인은 그 울타리 뒤에 숨어서 지내온 탓이 크다고 할 수 있지요.

무엇을 허락하고
무엇을 막아야 할까?

자기표현에 서투르고 결정력이 부족하게 되면 주눅이 든 삶을 살아갈 우려가 큽니다. 대인관계에 힘들어질 뿐만 아니라, 자아성취에도 부정적인 영향을 미칠 게 틀림없습니다. 내가 중심이 된 삶이 아니라 타인을 중심에 놓고 판단하는 삶이 이어지기 때문입니다.

결정력이 부족한 친구들은 어려서부터 선택에 대한 건강한 훈련이 잘 되어있지 않고, 부모의 강한 보호와 통제를 받아온 경우가 많습니다. 사실 부모라면 자녀를 위험으로부터 엄격하게 보호하고 통제해야 할 책임이 있습니다. 그런데 그 같은 보호와 통제가 아이의 결정력과 소신을 가로막는다면 이런 것들을 다 풀어주어야 할까요? 물론 아닙니다. 부모의 통제와 보호는 아이의 나이와 상황에 따라 적절하게 조절되어야 하는 것이지요.

아이를 자유롭게 키운다고 해서 길거리에서 공놀이를 하고 온다는 아이에게 "네가 알아서 해."라고 할 수는 없지요. 또한 친구 집에 가서 자고 오겠다는 아이에게 무조건 안 된다고 말하는 것도 현명한 통제는 아닐 것입니다. 따라서 무엇을 허락하고 또 무엇을 막아야 하는 것인지, 그리고 언제부터 허락해야 할지를 부모는 잘 조율할 수 있어야 합니다.

예를 더 들어보겠습니다. 나는 아이를 자유롭게 키우고 아이가 원하는 것은 뭐든 다 들어주겠다는 신조를 가졌다고 해서, 아기가 난롯가로 기어가도 두고만 볼 엄마는 없겠지요. 또한 서너 살 난 아이가 큰길가에서 공놀이하는 것을 막기는 해도, 중고등학생이 길거리 농구 게임을 한다는데 위험하니까 절대로 안 된다며 막아서지도 않을 것입니다. 이처럼 자녀가 뭔가를 해도 되고 하면 안 되는 것의 경계는 아이의 발달 단계에 따라 달라야 합니다. 각각의 발달 단계에 맞는 결정권, 즉 판단력을 길러줘야 하는 것이지요. 그래야 자신의 삶을 위해 올바른 권리를 행사할 수 있고, 경계를 벗어나지 않는 자기 통제력도 갖추게 될 것입니다.

성장 과정에 있는 아이에게는 무엇보다 부모의 분별력이 중요합니다. 아이에게 권리를 넘겨주는 것은 아이의 자율성을 높이는 데 도움이 되지만, 무턱대고 모든 결정권을 넘겨줄 수는 없습니다. 이를 위해서는 먼저 엄마, 아빠 사이에 합의된 안을 만드는 게 좋습니다. 부모의 의견 일치가 이루어지지 않은 사안이라면 아이에게 말을 해도 권위가 서지 않습니다. '아빠 따로, 엄마 따로'여서는 힘이 분산되고, 아이가 잘 따르지 않을 수도 있습니다. 특히 엄마의 영향력이 약한 경우라면 더더욱 아빠와 합의하고 실천하기를 바랍니다. 이런 환경에서 가족이 소통하면 아이는 보다 안정된 가운데 신뢰감을 갖고 부모의 뜻을 따를 것입니다.

덧붙여, 권리에는 책임이 따른다는 것을 교육할 필요도 있습니다. 예를 들어 아이가 자신의 방을 요구한다면 방 전체의 관리 책임을 아이가 지도록 먼저 대화하는 게 좋습니다. 이때는 아이와 충분히 논의하고, 아이의 이야기를 존중하는 마음으로 들어주어야 할 테지요. 다만, 권리에 따르는 책임 부분을 양보해서는 안 될 것입니다. 이는 책임지지 않으면 누릴 수도 없다는 일깨움이기도 합니다. ♠

정서적 면역력이 있는 아이로 기르기

기영이는 초등학교 1학년입니다. 엄마와 함께 상담실을 찾은 것은 기영이가 학교를 안 가겠다고 떼를 쓰면서 어떻게 해야 좋을지를 몰라 전전긍긍하던 차였습니다.

집에서 기영이는 엄마와 말이 잘 통할 정도로 똑똑한 아이였습니다. 학교에 가서도 처음에는 기영이 옆에 아이들이 많이 모여들었다고 합니다. 하지만 얼마 안 가 기영이는 학교 가는 것을 힘들어하고 싫어했습니다. 아이들이 많이 모이는 것도 싫었습니다. 갑작스런 등교 거부에 엄마는 정말 당황스러웠습니다. 대체 아이가 왜 그러는지, 엄마 자신이 어떻게 해야 좋을지 몰라 난감했지요. 아무리 그래도 학교는 가야 된다는 생각에 아이를 야단치고 손찌검까지 해보았지만,

기영이는 여전히 학교 가는 것을 싫어하고, 아침이면 엄마에게서 떨어지려고 하지 않았습니다.

이처럼 어린이집과 달리 학교 가기를 싫어하는 초등생 아이들을 종종 만납니다. 아이와 이야기를 나눠보면 그럭저럭 대답도 잘하고 매우 영민하다는 생각이 드는데 학교에 가는 것만큼은 너무나 싫어해 엄마를 힘들게 합니다. 그중에 기영이는 좀 더 예민하고 민감한 아이였던 것 같습니다.

최근에 기영이 같은 아이들이 점점 많아지고 있습니다. 소음에도 민감하고 다른 아이들의 말이나 행동에도 쉽게 상처를 입는 편입니다. 그래서 학교가 두렵습니다. 이전까지는 항상 엄마의 돌봄을 받고, 어린이집도 소수의 아이들과 교사의 보호 아래 조용히 지내던 아이라면 더욱 그렇습니다. 갑자기 이삼십 명으로 늘어난 큰 집단에서 적응하기가 힘들었던 것이지요. 소리 지르는 여자아이, 거칠게 뛰어다니는 남자아이 모두가 이 어린 친구에게는 무서움의 대상일 뿐입니다. 학교는 자신에게 조금만 부딪혀도 마음이 아프고, 견디기 힘들어지는 곳입니다.

학교를 들어가기 전의 조기 교육 열풍이 이런 아이들을 더욱 지치고 힘들게 만들기도 합니다. 엄마를 따라 피아노며 영어며 발레를 배우러 쫓아다니면서 학교보다 이런 것들이 더 중요하게 느껴집니다. 그래서 학교에 적응하는 것을 더 힘들게 하지요.

엄마의 과잉보호가 아이의 스트레스를 키운다

주변 자극에 예민한 아이들이 꽤 있습니다. 이 아이들은 높은 인지적 능력을 갖고 있기도 하고, 감수성이 커서 주변에 대한 감정적 반응을 많이 보이기도 합니다. 그런데 대다수 엄마들은 아이의 지적, 육체적 능력에는 관심이 많아도 정서적인 부분에 대한 배려는 소홀하기 쉽습니다. 그저 아이가 스트레스를 덜 받게 하려고 주변 자극을 최대한 차단하려는 데 노력을 기울입니다. 아이가 접하는 환경을 통제하고, 친구를 통제하고, 먹을 것을 통제하는 등등 이른바 과잉보호에 들어가는 것입니다.

과잉보호는 아이가 자라면서 차츰 문제를 드러냅니다. 어릴 때는 별 탈 없이 잘 지냈다가도 성장하면서 부모의 보호가 지나친 통제와 압박으로 느껴지는 것입니다. 예민한 아이들에게는 부모의 그 같은 보호책 또한 하나의 큰 스트레스가 됩니다.

스트레스가 없는 삶은 없습니다. 아이도 어른도 마찬가지입니다. 부모의 마음이야 되도록 아이가 스트레스를 덜 받기를 바랄 테지요. 많은 부정적인 자극으로부터 아이를 지키기 위해 엄마는 부단히 노력합니다. 하지만 결과적으로는 엄마의 그 노력이 문제를 더욱 크게 만들고 맙니다. 오히려 아이는 스트레스에 대한 면역력을 키우지 못한 채 학교로, 사회로 내보내지기 때문이지요.

자, 그럼 정서적으로 건강한 아이는 어떻게 키울 수 있을까요? 진정으로 아이를 위한다면 스트레스의 영향을 안 받는 '무균실'로 아이의 환경을 만들어주는 게 최선은 아닙니다. 오히려 적절한 유해 환경에서도 잘 견딜 수 있도록 정서적 면역력이 강한 아이로 키워야 하지요. 그래야 아이가 자라면서 만나는 숱한 스트레스 상황에서도 자신을 잘 지킬 수 있습니다. 마음의 상처를 입을 상황에서도 스스로를 잘 다독여 이내 회복이 되는 탄력성을 지니게 되는 것이지요.

사실 그 같은 면역력은 아이가 아주 어려서부터 생깁니다. 갓 태어난 아기에게 엄마의 품은 세상의 전부입니다. 이 엄마의 품에서 아기는 여러 양분을 섭취합니다. 신체 면역력을 높이는 데 최고라고 일컬어지는 초유가 그중 하나이지요. 그리고 또 있습니다. 그 시절 아기는 엄마에게서 신체적 양분만이 아니라 정서적인 양분도 함께 공급받습니다.

아기를 안은 엄마가 행복해할 때 아기 또한 엄마 품에서 쌔근쌔근 편안히 잠을 잡니다. 그러다가 엄마의 심장 박동이 빠르게 변하거나 하면 아기는 갑작스레 울거나 보채지요. 아기가 그 같은 불편감을 호소할 때가 스트레스를 받을 때입니다. 이 외에도 아기가 울거나 떼를 쓰는 상황은 배가 고프거나, 환경이 쾌적하지 않거나, 아플 때 등등 다양합니다. 이때는 아기가 왜 보채는지를 빨리 감지해야 하지요. 그러자면 엄마의 민감성이 필요합니다. 아기가 필요로 하는 부분을 적절하게 돌볼 수 있도록 아기의 상태를 재빨리 파악할 수 있는 감각이 바로 엄마의 건강한 민감성입니다. 그 덕분에 아기는 스트레스를 해소하게 되지요.

그런데 엄마의 스트레스 해결사 역할은 일시적입니다. 아이가 자라면서 스스로 할 수 있는 영역이 늘어남에 따라 엄마의 역할은 차츰 줄어듭니다. 그 대신 아이 스스로 할 수 있는 부분이 늘어나게 되지요. 이를 심리학에서는 분리 개별화separation-individuation라고 합니다. 다시 말해, 아기와 엄마가 한 몸 같은 상태에서 벗어나 독립적이고 자율적인 인격체로 분리되는 것으로, 성장의 자연스런 한 과정이지요. 이때 아이의 개별화 과정을 막는 여러 요인 중 하나가 바로 엄마일 수 있습니다.

건강한 마음을 갖지 못한 엄마는 아이에 대한 통제를 자신의 능력으로 여기는 경우가 있습니다. 혹은 자신의 뜻대로 아이를 키움으로써 힘에 대한 욕구를 채우기도 하지요. 이런 엄마는 아이에게 자신이 절대적으로 필요하고, 자신이 아니면 안 된다는 극단적 사고를 갖기 쉽습니다. 아이의 일거수일투족에 대해 자신이 판단하고 결정을 내리기도 합니다. 그럼으로써 자신의 존재감을 채우는 것입니다. 그리고 엄마가 지나치게 성격이 급한 경우도 비슷한 결과를 가져옵니다. 이 같은 환경이 오래 지속되면 아이는 뭔가를 스스로 하는 기회를 갖기 어렵습니다. 결국 아이는 꼭두각시 인형처럼 모든 일에서 엄마 중심의 행동을 만들어 나갑니다.

마음 상처의
회복 탄력성을 높이려면

엄마의 돌봄이 지나치거나 부족할 때의 병리적인 모습을 일부 이야기해보았습니다만, 다들 아이가 이렇게 자라기를 바라지는 않을 테지요. 그러면 아이가 성장 과정에서 스트레스에 잘 대처할 수 있도록 하는 방법은 무엇일까요? 우선 무작정 스트레스를 안 주려고 노력하기보다는 스스로를 돌보는 능력이 있어 스트레스를 잘 견뎌내는 아이로 키우는 게 중요할 것 같습니다.

기영이만큼이나 예민하고 민감했던 수진이는 아이들과 지내다 어떤 이유로 또래 아이들에게 왕따를 당한 경험이 몇 번 있습니다. 이로 인해 수진이는 몸과 마음의 상처를 입었지요. 그렇지 않아도 예민한 수진이에게는 몹시 힘든 시간이었습니다. 그나마 이 순간을 어떻게든 견뎌낼 수 있었던 것은 엄마의 존재 덕분입니다. 엄마가 항상 자기 옆에 있다는 믿음과 또 자신의 행동에 대해 이해하고 편을 들어주었기 때문이지요.

사람에게는 각자 자신이 감당할 수 있는 충격의 한계가 있습니다. 그 한계를 넘는 상황에 마주하게 되면 힘들어지고 고통을 느낍니다. 그러한 고통을 만난다는 게 문제가 있다거나, 본인이 못나서도 아닙니다. 다만, 이 고통의 상황에 어떻게 대처하는지에 따라 이후의 삶의 형태는 확연히 달라집니다.

기영이는 어리기는 했어도 자신이 느끼는 고통을 누군가 알아들을 때까지 지속적으로 표현했고, 한편으로 수진이는 고통의 순간을 도망 다니는 것으로 대처했습니다. 민감한 엄마들은 아이들이 고통을 호소한다는 것을 이내 알아차립니다. 그래서 나름대로 해결 방안을 모색하기는 하는데, 고통에 맞서는 것과 회피하는 방식에는 결과에서 많은 차이가 있습니다.

기영이 엄마는 전자의 경우였습니다. 아이와 함께 견디는 방식을 선택하고, 전문가의 도움을 받기로 결정한 것입니다. 하지만 민감하면서도 타인의 시선을 많이 의식하는 수진이 엄마는 아이가 원한다는 이유로 손쉽게 환경을 바꾸어주는 결정을 내렸습니다. 그렇게 어느 정도 시간이 지난 후 기영이는 좀 더 굳세고 예민하면서도 똘똘한 아이의 모습을 갖게 되었습니다. 엄마와도 코드가 잘 맞는 친구 같은 사이를 회복할 수 있었지요. 그에 비해 수진이는 여전히 의기소침한 상태에서 벗어나지 못하고 있었습니다. 스트레스 상황에 대한 면역력이 떨어져 있는 한 환경이 변한다고 아이 또한 그에 맞게 쉽사리 변하는 것은 아닙니다. 엄마에 대한 신뢰도 떨어져 엄마에게 짜증을 자주 내고 태도도 거칠어졌지요. 그제야 엄마는 심각성을 깨달아 도움을 요청하게 되었고요.

물론 두 아이의 성격은 매우 다릅니다. 오히려 기영이보다 수진이가 더 적극적이고 활발하며 자기표현을 잘하던 아이였습니다. 이를 보더라도 아이가 상처로부터 회복되는 탄력성은 선천적인 부분도 관여하지만, 그 이상으로 아이 주위의 환경과 부모의 대처가 중요하게 작용합니다.

아이들이 받는 스트레스나 상처는 부모, 그중에서도 엄마가 어떻게 대처하는지에 따라 상처의 크기와 이후의 영향이 크게 달라집니다. 정서적 면역력을 높이는 것도 중요하지만, 내 아이의 아픔이나 고민, 상처를 빠르고 정확하게 감지해 필요한 도움을 제때 줄 수 있어야겠지요. 그래야 아이의 상태가 정서적으로 안정되고 편안해질 수 있습니다. 다수의 연구에 따르면 아이의 정서 상태는 학습에도 지대한 영향을 미칩니다. 공부 잘하는 아이로 키우고 싶다면 학원 과목을 챙기는 노력 이상으로 아이의 마음을 챙기는 게 우선일 것입니다. ♠

겨울 추위가 심할수록

봄의 나뭇잎이 한층 푸르듯이

사람은 역경에 단련된 후에야

더욱 큰 인물이 될 수 있다.

· 벤저민 프랭클린 ·

엄마가 행복해야 아이도 행복해진다

우리말에 '본데없다'는 말이 있습니다. 보고 배운 것이 없다는 뜻으로, 주로 어른들이 아랫사람을 나무라며 쓰는 말입니다. 본데없는 자식, 본데없는 집안 같은 식으로 매우 부정적인 의미가 담겨 있지요. 저는 이 말이 남을 비아냥거리거나 낮춰 말하는 데 쓰이지 않는다면, 참 맞는 표현이라는 생각이 듭니다. 우리 삶에는 보고, 듣고, 배우고, 경험한 바 없어서 다시 말해 몰라서 못할 수밖에 없는 경우가 꽤 많습니다. 그래서 예로부터 우리 조상들은 결혼에서나 사람을 고를 때 가문을 운운하고, 집안을 따지며, 부모님에 대해 물어봤던 게 아닐까요? 본데가 있는지 없는지를 확인하고자 한 것이지요.

사실 저 역시 젊었을 때는 사람 하나만 보면 되지 뭘 그렇게 따지시

나, 하고 어른들의 태도를 탐탁지 않게 여겼습니다. 하지만 많은 사람들을 만나 그들의 이야기를 들어보고 대화하는 지금은 '본데'를 따지는 연유를 분명하게 이해합니다.

잘 몰라서 못하는 것은 어찌 보면 잘못이 아닙니다. 하지만 내가 몰라서 한 행동에 주위 사람들이 피해를 입는다면 이건 문제가 다르지요. 말을 달리 해보겠습니다. 잘 모르는데도 알려고 하지 않는다면, 그래서 자신 혹은 남에게 해를 끼치게 되었다면 그 책임이 전혀 없다고 할 수 있을까요?

자녀를 양육하는 일도 마찬가지입니다. 잘 몰라서 아이나 부모 자신에게 좋지 않은 영향을 끼치는 일이 적지 않습니다. 그리고 부모이면서 잘 모르는데도 알려고 노력하지 않는 경우도 많습니다. 결국 그에 대한 감당은 자녀나 남편, 본인의 몫이 될 테지요. 나중에 이 사실을 알면 자신을 용납하기가 쉽지 않을 것 같습니다. 이제껏 살아온 날들이 바보 같고, 스스로에게 화가 많이 날 것도 같습니다.

엄마가 먼저 바뀌어야 하는 이유

형철이 엄마도 바로 그런 경우였습니다. 그녀는 어려서부터 칭찬보다는 비난과 꾸중을 더 많이 들으며 자랐습니다. 부모님은 늘 바쁘셔서 그녀는 자신의 부정적인 정서를 풀어낼 기회를 거의 갖지 못했습니다. 사실 그녀든 그녀의 부모님이든 정서 문제에 대한 개념조차 없었을 테지요. 이후 고등학교 졸업과 동시에 취직한 회사에서도 그녀는 상사에게 잦은 비난을 들으며 스트레스를 많이 받았습니다. 이때도 스트레스를 풀어야 한다는 생각 없이 그냥 하루하루 견디며 살았습니다. 남편을 만나 결혼한 후에는 시집살이와 직장의 스트레스를 이중으로 받아야 했지요. 아이들이 생기자 그녀의 스트레스는 더욱 가중되었습니다. 그래도 애써 억누르며 살았습니다. 그냥 그렇게 살아야 하는가 보다, 라고 생각했는지도 모르겠습니다.

그런 어느 날 아이가 자신을 힘들게 하는 순간을 참지 못해 소리를 지르고, 화를 내고, 손마저 올라갔습니다. 아이들에게 자신의 화를 쏟아부은 것이지요. 그렇다고 화가 풀리는 것도 아니었습니다. 오히려 아이들에게 화를 내고 나면 자신의 행동에 대한 죄책감만 커질 뿐이었습니다.

엄마가 화를 내면 집안 여기저기에 그 화가 미칩니다. 특히 힘없고 어린 자녀들은 그 화를 일방적으로 받아들일 수밖에 없습니다. 아이가 자라면서는 엄마와 부딪히는 일도 차츰 늘어나겠지요.

아이와의 갈등이든 자기 내부의 부정적인 정서든 적절한 방법으로 풀어야 할 텐데, 이게 쉽지가 않습니다. 엄마는 그 같은 감정 돌봄을 이제껏 받은 적도, 본 적도, 누가 일러준 적도 없었으니까요. 이 와중에 아이들은 상처 입고 엄마 역시 죄책감에서 자유롭지 못하게 됩니다. 더욱이 엄마의 평생을 옥죄인 부정적 정서는 이제 아이들에게도 대물림됩니다.

엄마가 중심을 잡고 이를 바로잡아야 합니다. 자신의 감정을 잘 다스리는 모습을 자녀에게 보여주고, 자녀와의 갈등 또한 현명하게 잘 풀어나가는 경험을 만들어주는 것이지요. 그래야 세대에 걸친 악순환의 고리를 끊을 수 있습니다. 엄마는 아이들에게 좋은 모습과 좋은 경험, 즉 건강한 '본데'를 보여야 하는 것입니다.

엄마가 아무리 자녀에게 좋은 것을 주고 싶어도 무엇을, 어떻게 주면 좋을지 그 방법을 잘 모른다면 엄마의 마음은 제대로 전달되기 어렵습니다. 게다가 엄마 자신이 감정을 스스로 해결하지 못하고 쌓아두고 있다면 그 같은 부정적인 정서와 태도는 다른 무엇보다 먼저 자녀에게 전달됩니다.

자신의 삶에 부정적인 태도를 가지고 있는 엄마가 아이에게 좋은 것, 긍정적인 것을 베풀어줄 수는 없습니다. 내 안에 담겨 있는 것이 밖으로 나올 수 있습니다. 그릇을 예로 들어볼까요? 그릇은 모두 흙이라는 재료로 만들지만, 그 안에 무엇이 담겨 있는지에 따라 이름을 달리 부릅니다. 고추장이 담겨 있으면 고추장독, 간장이 들어있으면 간장독이라고 부르고, 소변이 담기면 요강이라는 이름이 붙지요. 마찬가지로 우리 안에 미처 해결되지 못한 부정적 감정 덩어리들이 잔뜩 들어있다면 여기서 좋은 감정이나 좋은 말, 좋은 태도가 나올 리 없을 것입니다.

그런데 본데없고 경험한 바가 없다면 자녀에게 절대 좋은 것을 나눠줄 수 없을까요? 꼭 그렇지는 않습니다. 이전보다 나아지려는 마음이 있다면 변화의 여지는 있습니다. 따라서 지금까지 어떻게 살아왔건 앞으로는 다르게 해보려는 노력이 필요합니다. 그중 가장 먼저 해야 할 일은 엄마 자신의 마음을 돌보는 일입니다.

내 아이에게 웃음을 주고 행복을 느끼게 해주려면 먼저 엄마 스스로가 행복해야 합니다. 그래서 삶의 갖은 어려움에도 흔들리지 않고 자신의 일과 가족을 사랑하며 살아가는 모습을 보일 수 있어야 하지요. 아이들은 엄마의 이런 모습을 보며 배웁니다. 또 닮습니다.

부모가 자녀에게 보여야 할 '본데'

자녀의 건강한 삶을 위해 부모가 꼭 보여야 할 본데가 몇 가지 있습니다.

첫째, 서로가 존중하며 살아가는 모습입니다. 부부 사이라고 해서 항상 좋을 수만은 없지요. 그렇다고 아이에게 부부가 다투고 갈등하는 모습을 무작정 숨기는 게 능사는 아닙니다. 사람 사는 세상에서 갈등이 없을 수는 없습니다. 갈등을 피하려고만 할 게 아니라 그것을 풀어나가는 법을 배워야 하는 것입니다. 부모가 슬기롭게 갈등을 풀어나가는 모습은 아이에게도 좋은 공부입니다. 말과 행동에서 서로를 존중하는 모습, 그리고 가족을 배려하고 사랑하며 살아가는 모습은 아이들에게 훌륭한 본데가 될 수 있습니다.

둘째, 서로 나누고 함께하는 모습을 보여주어야 합니다. 가정을 꾸리는 것은 기본적으로 부모의 몫이지만, 아이가 참여할 공간을 일정 부분 마련해줄 필요도 있습니다. 그 나이에 맞는 책임감을 길러준다는 측면에서 말이지요. "부모가 다 책임질 테니 너는 공부만 해."라는 환경에서 자란 아이는 본인이 마땅히 감당해야 할 책임에도 소홀해질 수 있습니다. 실제로 상담실에서 그런 아이들을 많이 만납니다. 역할 분담과 상의는 가정에서 해야 할 진로 교육의 의미가 있기도 합니다. 부모가 어떤 직업을 갖고 있고, 무슨 일을 하고 있으며, 어느 정도의 급여로 어떻게 살아가고 있는지는 적어도 초등학교 고학년 아이라면 아는 게 좋습니다. 아이에게 건전한 직업의식과 삶의 보람, 경제적 안정에 관한 개념을 깨우쳐주는 것이지요.

셋째, 아이에게 꿈과 희망을 심어주어야 합니다. 막연한 꿈이 아니라 아주 멀리에서도 보이는 등대 같은 길라잡이가 필요하지요. 이를 위해 가장 좋은 방법은 아이가 어려서부터 세상의 다양한 삶을 보여주고 서로의 생각을 나누는 것입니다. 아이에게 드라마 몇 편을 보이기보다 삶의 진솔한 모습을 보이고 의논을 나누는 게 훨씬 나을 것입니다. 굳이 삶의 현장까지 찾아가라는 의미는 아닙니다. 요즘은 미디어의 발달로 자녀교육에 도움이 될 만한 좋은 프로그램들이 많습니다. 예를 들어 엄마의 소중함을 느끼게 해주려면 그 어떤 설명보다 〈인간극장– 엄마, 난 괜찮아〉 같은 다큐를 보고 이야기를 나누는 것이, 또 아빠의 존재감을 다시금 생각해보는 데에는 오래전에 방영된 〈휴먼다큐멘터리 사랑– 안녕! 아빠〉라는 다큐를 추천하고 싶습니다. 최근에는 성공한 사람들의 이야기를 들려주는 특강도 자주 방영되고 있는데, 역경을 딛고 성공을 일궈낸 삶 이야기는 산 교육의 '본데'가 아닐까 합니다.

넷째, 가정 내에서 필요한 역할을 분담하되 책임은 함께 지는 모습을 보여야 합니다. 요즘 젊은 세대는 많이 달라졌지만, 예전에는 자녀 교육을 거의 엄마의 몫이자 책임으로 여기는 분위기였습니다. 그래서 자식이 무슨 잘못을 하면 엄마가 아빠에게 쉬쉬하는 모습을 보이곤 했지요. 부부의 역할은 다를지라도 책임은 공동으로 감당해야 합니다. 어느 한쪽이 희생하고 책임질 문제가 아니라는 것이지요. 그러는 편이 자녀가 올바른 남성성과 여성성, 성 역할을 배우는 데도 도움이 됩니다.

다섯째, 자녀를 양육하는 태도입니다. 예를 들어 어린아이를 놀이터에 데리고 갑니다. 이때 아이가 놀이터를 벗어나는 것에는 주의해야 하지만, 그 안에서는 어떻게 놀든지 간에 엄마는 바라만 봐야 할 필요도 있습니다. 시소를 타는 것도, 미끄럼틀에 올라가는 것도, 그네를 타는 것도 일일이 알려주거나 간섭하면 아이는 스스로 뭔가를 생각하고, 판단하고, 행동할 기회를 놓치게 됩니다. 부모는 놀이터라는 경계를 지켜주는 데 그쳐야 하는 것이지요. 설령 놀이터에서 조금 다치더라도 너무 안달하지 않는 게 좋습니다. 아이를 진정시켰다면 스스로 어떻게 하는지를 지켜봐주는 것이지요. 놀이터는 아이가 이후 살아가야 할 세상의 축소판일 수도 있기 때문입니다.

이 밖에도 많은 '본데'가 있습니다만, 가장 중요한 원칙은 이렇습니다. 아이에게 약속의 소중함을 알려주고 싶으면 부모가 먼저 약속을 잘 지키고, 부지런함의 소중함을 알리고 싶으면 부모부터 부지런해야 합니다. 그리고 이보다 선행되어야 할 것이 바로 부모 자녀 간의 좋은 관계입니다. 좋은 관계가 이루어지지 않은 상태에서는 어떤 좋은 의도도 왜곡될 수 있습니다.

돌이켜보면 부모의 삶 그 자체가 '본데'가 아닐까 합니다. 그렇기에 부모는 먼저 자신을 사랑하고, 서로를 존중하며, 자기에게 주어진 삶을 신명나게 살아내야 할 것 같습니다. 자녀가 행복하게 살아가기를 바란다면 엄마나 아빠, 나부터가 행복해야 합니다. ♠

한 마리의 제비가 왔다고
봄이 온 게 아닌 것처럼,
단 하루의 덕행으로
온 일생이 복되고 행복해질 수는 없다.

· 아리스토텔레스 ·

자녀교육 의도는 일관되어야 한다

부모교육 지침서를 읽다 보면 일관성에 대한 이야기를 자주 접하게 됩니다. 일관성을 유지한다는 것은 참 좋은 모습처럼 보입니다. 부모님들도 아이에게 일관성을 유지하기 위해 신경을 많이 쓸 것입니다. 예를 들어 학교에 다녀오면 씻고, 먹고, 숙제하고, 일찍 자기 같은 규칙을 정해놓고 아이가 그에 맞춰 생활하도록 가르칩니다. 그래야 좋은 습관을 기를 수 있다고 믿기 때문입니다. '세 살 버릇 여든까지 간다'는 속담처럼 어려서 몸에 밴 좋은 습관으로 올바르게 살아가기를 바라는 부모의 심정이 여기에 묻어있지요.

하지만 인간이란 존재 자체는 그렇게 일관되지 않습니다. 눈에 띄지는 않더라도 매일같이 변화하고 성장하는 존재라는 사실을 우리는 간과하고 있습니다. 어제의 내가 오늘의 나와 다르고, 어제의 환경 또한 오늘의 환경과는 다소간의 변화가 있을 수밖에 없지요.

환경의 변화는 깊이 생각하지 않더라도 알 수 있습니다. 우리나라를 예로 들자면 계절의 변화가 있을 것이고, 아침저녁의 기온 변화도 있습니다. 그 밖에도 일조량, 밤낮의 길이, 공해의 정도 등등 많은 변화가 있지요. 그에 따라 우리의 생체 내에서도 자연스럽게 변화가 일어나는데, 그처럼 외부 환경에 따르는 유기적, 순응적 반응을 적응이라고 표현하지요.

이는 아이의 양육에도 마찬가지로 적용할 수 있을 것 같습니다. 양육 상황에 맞춰 부모의 대처가 유기적이고 순응적인 맥락일 때 아이도 육체적, 심리적으로 잘 자라날 것입니다.

그러면 변화와 양육의 일관성에는 대체 무슨 상관이 있을까요? 아마 의문이 생길 것입니다. 결론부터 말하자면 상관이 있는 정도가 아니라, 숱한 변화 속에서도 흔들리지 않는 양육의 일관성은 꼭 필요합니다. 이는 곧 양육의 철학이기도 합니다.

양육의
일관성 유지하기

바람직한 양육의 일관성은 '아이가 몇 시에는 무엇을 하고, 또 무엇을 해서는 안 되고'라는 식의 고정된 틀이 아닙니다. 자녀교육에 있어서 일관성을 가져야 한다는 말은, 아이가 처한 상황에 따라 대처하는 방법과 행동은 실로 다양하더라도 그 바탕에 깔려 있는 부모의 생각과 마음가짐에는 일관성이 있어야 된다는 의미입니다.

예를 들어보겠습니다. 엄마가 자녀에게 '학교에 다녀와서는 숙제를 하고 놀아라'는 틀을 가지고 습관을 만들어주려고 합니다. 그래서 아이가 많이 버거워하는데도 매일 그렇게 훈련을 시켜놨는데, 어느 날 아이가 아파서 이 규칙을 지키지 못했습니다. 아이 입장에서는 하나의 핑계를 만난 것이지요. 이후 숙제나 공부를 하기 싫어지면 아이는 또다시 아프다는 말로 규칙을 빠져나갈 궁리를 하게 됩니다. 당연히 엄마와 아이의 갈등이 시작됩니다. 아이는 거짓말이나 핑계를 만들 줄 알게 되고, 엄마는 아이의 태도에 대한 의심 등등 부정적인 마음이 생기기 때문입니다.

이는 일상의 한 단면만을 예로 든 것이지만, 아이에게 좋은 습관을 가르치려는 부모의 한결같은 태도가 오히려 핑계나 거짓말 같은 부정적 습관을 만들 수도 있습니다.

다시 일관성으로 돌아가겠습니다. 항상 기계처럼 일정한 패턴으로 행동하기보다는 왜 그렇게 행동해야 하는지에 대한 '의도'가 일관되어야 합니다. 그래서 아이의 행동을 부모가 이해한다면 부모는 매 순간 일일이 지적하지 않아도 됩니다. 아이 또한 스스로 자신을 조절할 수 있습니다. 목적을 알면 목적에 맞게 방향 조절이 가능하다는 뜻입니다. 자녀가 어떤 아이로 자라기를 바라는지 목표에 대한 일관성이 있다면 방법은 얼마든지 다양할 수 있습니다.

앞에서 '본데'의 중요성에 대해 언급했지만, 양육의 일관성에서도 부모의 태도가 핵심이라고 할 수 있습니다. 자녀가 도덕적이기를 바라는 부모가 쓰레기를 아무 데나 버리거나 횡단보도가 아닌 곳에서 무단 횡단을 하는 모습을 아이에게 자주 보인다면, 아이는 부모의 의도에서 차츰 멀어질 것입니다. 질서를 지켜야 한다, 남에게 피해를 주면 안 된다 등등 말로만 하는 가르침은 크게 와닿기 어렵기 때문입니다.

아이들은 들은 것과 본 것 중 자신이 본 것에 더 많은 영향을 받습니다. 게다가 부모 말에 대한 신뢰가 떨어지면 자녀에게 미치는 영향력 또한 덩달아 낮아집니다. 반대로 부모의 언행일치는 자녀에게 훨씬 깊은 인상을 남깁니다. 게다가 부모에 대한 신뢰가 생겨 부모의 가르침을 더 잘 받아들일 수 있게도 됩니다. 긍정적인 방향으로 부모의 영향력이 커지는 것이지요.

이처럼 일관된다는 것은 자녀교육 방법의 일관성에 머무는 것이 아니라, 자녀가 바라본 부모의 삶 전체와도 관련되어 있습니다. 그렇게 부모가 자녀에게 바라는 의도와, 말과, 행동의 일관성을 갖추었을 때 아이 역시 자신의 목표와 방법을 분명히 인식한 가운데 앞으로 한 걸음 한 걸음 나아가게 됩니다.

좋은 습관을 길러주는 엄마의 요령

아이에게 좋은 습관을 들이는 방법은 우선 좋은 모델에 있습니다. 아이의 잘못된 습관을 나무라기 전에 엄마 본인이나 아빠의 태도와 행동은 어땠는지 되돌아봐야 할 것 같습니다. 아이들은 그 어느 누구보다 부모를 보고 가장 먼저 배우게 되니 말입니다. 사실 가장 가까이에서 가장 많은 시간을 함께하고 있으니 몸에 쉽게 익는 것도 당연할 테지요. 더욱이 요즘은 가정에서 부모 외에 다른 사람의 삶을 보고 배울 기회가 거의 없지요. 예전 같은 대가족 사회가 아니기 때문입니다. 그만큼 부모의 영향이 클 수밖에 없습니다.

부모는 자녀에게 삶의 훌륭한 모델이 됩니다. 그런데 현실적으로 어려운 부분이 있습니다. 사실 요즘 부모님들은 정말 열심히 살고 계십니다. 자식과 가족을 위해 밤늦게까지 일하다가 파김치가 되어 귀가하는 일이 잦지요. 자녀에게 보여주는 것 또한 피곤에 지치고 찌든 모습이기 십상입니다. 아이 눈에 비친 아빠, 엄마는 언제나 피곤해하는 사람들입니다. 그래서 아이들이 그린 가족 그림에는 아빠는 누워서 자고 있고, 엄마는 집에 돌아와 싱크대 앞에서 등을 보이는 모습이 아주 흔하게 등장합니다.

그래도 다시 한 번 생각해봐야겠습니다. 그처럼 아무리 열심히 살아도 내 아이에게 보이는 모습이 좋지 않고, 그로 인해 아이에게 나쁜 영향을 미친다면 우리는 과연 무엇을 위해 이처럼 아등바등 살아야 하는 것일까요? 요즘 젊은 아빠들의 변화된 모습 중의 하나는 일보다는 아내와 아이들을 우선순위에 둔다는 것입니다. 참 반가운 일이지요. 이렇게 부모가 아이들을 소중히 여기고 배려하는 분위기일 때 아이 또한 그런 태도를 배우게 됩니다. 가족을 우선하는 가치관이 은연중에 마음에 심어지는 것이지요.

습관을 들이는 또 다른 좋은 방법은 아이를 지지해주고 칭찬해주기입니다. 대개 엄마들은 말을 자주 꺼내면 잔소리가 된다고 여겨서 지적을 삼가는 것 같습니다. 그렇게 아이 눈치를 보면서도 나쁜 습관을 고치려고 하다 보니 못마땅한 부분만 반복해서 꾸짖는 경향이 있습니다. 그러면 진짜 잔소리가 되어버리지요. 그보다는 새롭게 들여야 할 좋은 습관을 꾸준히 지지하고 칭찬하는 게 좋습니다.

아주 작은 노력이나 변화에도 지지와 칭찬이 따른다면 좋은 습관을 유지하려는 마음 또한 커집니다. 예를 들어 아이가 아침에 일찍 일어나려는 결심을 했다면 그 마음을 칭찬해줍니다. 물론 그러다가 늦게 일어날 수도 있지만 어찌 됐든 아이 마음은 편치 않을 테지요. 그러면 이번에는 자기와의 약속을 지키지 못해 반성하는 마음을 알아주고, 또다시 시도해보도록 다독여주는 것입니다.

좋은 습관을 만들어주는 것도 엄마들이 중요하게 여기는 부분이지만, 아마도 이미 만들어진 나쁜 습관에 대한 고민도 있을 것입니다. 아니 어쩌면 엄마들은 아이에게 어떤 좋은 습관이 있는지보다 얼마나 나쁜 습관이 많은지에 더 몰두되어 있지 않을까 합니다. 그러니 많은 아이들이 엄마의 말을 잔소리로 듣는 것이지요.

아이의 나쁜 습관을 없애려고 엄마가 노력하면 할수록 그 습관은 더욱 강화되는 법입니다. 그토록 비효율적이고 목적 달성도 어려운 일에 에너지를 낭비할 필요는 없지요. 실제로 습관뿐 아니라 우리 삶의 많은 부분이 긍정적인 관심을 주었을 때 더 성장합니다. 식물을 키울 때도 나란히 있는 두 화분 중 애정과 관심을 더 쏟은 쪽이 잘 자라는 것을 알 수 있습니다. 우리의 행동도 마찬가지입니다. 좋은 습관과 나쁜 습관 중 더 좋아졌으면 하는 습관에 정성과 사랑의 에너지를 쏟아야 합니다. 반대로 나쁜 습관에는 긍정적이든 부정적이든 에너지 자체를 보내지 않는 게 좋습니다.

예를 들어 인사를 잘하지 않는 아이에게 인사를 못한다며 잔소리하고 꾸중하면 아이는 그 말을 곧이곧대로 받아드릴까요? 겉으로는 수긍을 하더라도 내심 인사에 대한 스트레스가 쌓여 인사 자체를 싫어하게 됩니다. 그래서 인사를 못하는 아이가 아니라 아예 안 하는 아이가 될 수도 있습니다.

그렇지 않고 단 한 번이라도 인사를 했을 때 반갑게 받아주고, 또 그에 대한 인정과 칭찬을 해준다면 아이는 당장은 어색해할지라도 인사를 잘하려는 마음의 싹이 심어지게 되는 이치이지요. 이처럼 작은 변화에 대한 부모의 긍정적인 반응이 행동 변화의 에너지원이 됩니다. 인사뿐만 아니라 아이의 다른 긍정적인 행동에 대해서도 관심과 인정을 보낼 수 있어야겠지요. 그럼으로써 아이는 당장에는 못하더라도 앞으로 잘하려고 노력하는 아이로 자랄 것입니다. 차츰 좋은 습관으로 자리 잡는 것이지요.

우리에게는 숱한 '작심 3일'의 경험이 있지만, 마음을 먹었다고 당장에 다 성공할 리는 없습니다. 그렇게 한 번의 결심이 3일밖에 못 간다면 매 3일마다 결심을 이어가보면 어떨까요? 의욕이 있어도 사람은 쉽게 변하지 않습니다. 알고 있다는 게 중요한 것이 아니라, 결심을 통한 지속적인 실천이 중요합니다. 모든 습관은 반복의 노력에 의해 굳어지는 법입니다. ♠

아이는 어머니, 아버지의 말 한마디 한마디에 큰 영향을 받습니다. 그날 하루의 기분이 온통 좌우되기도 하고, 아이 스스로 열심히 공부하거나 혹은 공부하지 말아야겠다는 이유로 삼기도 합니다. 심지어 아무 생각 없이 내뱉는 부모의 말 습관 때문에 아이는 자신의 가능성을 스스로 닫아버립니다. '하지만'이라는 말 습관 대신에 "그러네!"라는 말을 가까이 할 수 있다면 좋겠습니다.

· 이마무라 사토루의 《습관 교육》 중에서 ·

아이를 야단치기 전에 꼭 알아야 할 것들

아이의 잘못된 행동과 태도에 대해 우리는 지적하고 야단을 칩니다. 잘못을 꾸짖어 바로잡아주기 위해서지요. 그런데 아이에게 지적하고 야단을 칠 때에 정말 중요하게 생각해야 할 게 있습니다. 비록 잘못된 행위의 주체는 사람이지만, 사람 자체를 꾸짖기보다 그의 행위를 지적이나 꾸지람의 대상으로 해야 한다는 점입니다.

아이는 누구나 자라면서 실수를 하고 실패도 경험합니다. 그러면서 많은 것들을 깨치게 됩니다. 그 행위 자체는 상대에게 사랑받고 인정받기 위해, 또는 회피하거나 방어하기 위해 생각해낸 방법들이지요. 이중 어떤 것들은 바람직하고 또 어떤 것들은 바람직하지 않다는 주위의 평가를 받습니다.

이를테면 거짓말을 하는 경우도 그렇습니다. 상황에 따라 차이가 있지만, 사랑받고 싶은데 사실대로 이야기하면 사랑받지 못할까봐, 나아가서는 미움받고 버림받을 것 같은 두려움 때문에 거짓말하는 경우가 있습니다. 또 아이가 나이에 걸맞지 않은 어리광을 부릴 때에도 동생보다 더 많은 관심과 사랑을 받으려는 욕구 때문에 그렇게 행동하기도 하지요. 연유야 어떻든 간에 부모나 교사가 보기에 바람직하지 않다고 생각될 때에는 그렇게 행위하지 않도록 나름의 제재를 합니다. 지적을 하거나 야단을 치지요.

그런데 이때 유념해야 할 게 있습니다. 그 상황을 바라보고 그렇게 생각하는 것은 바로 '나'라는 사실입니다. 사람들이 흔히 하는 큰 착각 중 하나는 바로 다른 사람들도 다 나 같을 것이라는 생각입니다. 다른 사람들도 다 나처럼 생각하고, 나처럼 판단하고, 나처럼 행동할 것이라는 가정부터가 실은 커다란 착각이자 오해입니다.

아이를 혼내는 방법은 달라져야 한다

예를 들어볼까요. 하루 종일 공부하지 않고 놀기만 하는 자식을 바라보는 부모는 모두 다 화가 나고 속이 상할 거라고 생각한다면 오산입니다. 어떤 부모들은(물론 아주 적은 수이기는 하지만) 더 이상 학비를 걱정할 필요 없이 돈벌이를 할 식구가 하나 더 늘었다며 즐거워할 수도 있습니다. 즐거운 정도까지는 아니더라도 그 때문에 마음이 홀가분해지는 부모도 분명 있을 것입니다.

한편으로 아이에 대한 믿음이 확고해서 '이 아이의 지금 모습은 이래도 자신의 삶을 잘 개척해 살아갈 것이다'라고 판단한 부모는 아이를 채근하는 일 없이 믿고 기다릴 것입니다. 혹은 아이에게 전혀 관심이 없어서 마음이 편안할 수도 있습니다.

요컨대 하루 종일 놀기만 하는 아이에게 모든 부모가 다 화가 나는 것도, 화가 난다고 해서 모두 똑같은 방법으로 화를 내는 것도 아닙니다. 그러므로 남들도 다 내 마음 같을 것이라는 전제는 아이를 야단칠 이유로 타당하지 않습니다. 아이의 행위를 지적하거나 야단 칠 때에는 먼저 이것이 내가 본 관점이라고 생각할 수 있어야 합니다.

몇 해 전에 어느 학부모가 자녀를 데리고 상담실을 찾아온 적이 있습니다. 키가 훌쩍 큰 중학교 3학년 남학생이었지요. 이 어머니는 너무 속이 상하고 답답하다며 말문을 열었습니다.

"이 애가 남들보다 머리도 있고 해서 조금만 더 노력하면 공부를 충분히 잘할 수 있는데 도통 하지를 않아요. 전에는 안 그랬거든요!"

여기에 저는 아이에게 엄마의 말에 대해 어떻게 생각하느냐고 물었습니다. 그랬더니 아이의 말이 아주 걸작이었습니다.

"공부요? 반에서 1등하는 거요? 할 수는 있어요. 별로 어렵지 않아요. 그런데 제가 그걸 왜 해요? 전 안 해요."

이 말을 들은 엄마는 한층 목소리를 높여 한탄합니다.

"거 보세요. 이 애가 저래요. 엄마가 나쁜 걸 하라는 것도 아닌데, 할 수 있으면서도 안 해요. 그러면서 저렇게 사람 속을 뒤집어놓는다니까요!"

다시 아이에게 그 이유를 물어봤더니 그 대답이 또 아주 재미있었습니다.

"그래, 너는 할 수 있는데 안 하는구나. 그런데 혹시 그 이유를 말해줄 수 있겠니?"

"그걸 제가 왜 해요. 제가 만약에 공부해서 반에서 1등을 하면 엄마는 그냥 가만히 계실까요? 절대 아니에요. 아마도 그때는 학교에서 1등하기를 바라실 거예요. 학교에서 1등하는 것도 사실 마음만 먹으면 할 수는 있어요. 그런데 그 다음에는 전국에서 1등하라고 하실걸요! 저는 그렇게 하기 싫어요."

여러분이 보기에는 누구의 손을 들어주고 싶으세요? 각자의 입장이 있을 것이고 그에 따라 조금씩 생각이 다를 것입니다. 중요한 것은 어떤 입장을 견지하든 그건 모두 나 자신의 생각이라는 사실입니다. 이것을 인정한다면 나의 생각과 자녀의 생각 또한 다를 수도 있다는 점을 받아들여야 합니다. 단지 내가 본 나의 관점일 뿐인데, 아이를 설득하거나 깨우침을 주는 일 없이 내 주장을 막무가내로 강요해서는 안 된다는 의미이기도 하지요.

이렇게 외부 현상에 대해 내가 바라보는 나의 관점이라는 사실을 전제하고도 부모가 아이를 꾸짖을 때 잘못하는 경우가 있습니다. 그 첫 번째 잘못은 사람 자체를 지적하거나 야단을 치는 경우입니다. 예를 들어 거짓말을 한 아이에게 이렇게 다그치는 것이지요.

"너는 애가 왜 그 모양이니?"

"넌 아주 나쁜 녀석이구나. 거의 범죄자 수준이네."

죄는 미워해도 사람은 미워하지 말라는 가르침도 있습니다만, 거짓말을 한 행위가 아닌 사람 그 자체에 대해 비아냥거리거나 야단을 치는 일은 삼가야 할 것입니다. 더욱이 '범죄자'란 표현처럼 잘못된 행위를 한 아이를 극단적으로 규정짓는 일도 꼭 피해야 합니다.

두 번째는, 한두 번의 실수나 잘못을 너무 과장하거나 혹은 일반화하는 경우입니다.

"넌 어째서 허구한 날 거짓말이냐?"

"너는 입만 열면 거짓말을 하는구나."

이런 식으로 과장된 반응을 보이거나 일반화하는 것도 분명 바람직하지는 않을 것입니다. 이 같은 말은 아이에게 앞으로도 그렇게 거짓말하며 살라는 것과 별반 다르지 않습니다.

세 번째, 지금의 단적인 행위로 앞날을 부정적으로 판단해 꾸짖는 경우입니다.

"그렇게 거짓말을 해서 이다음에 사기꾼밖에 더 되겠니?"

"네 앞날이 훤히 보인다. 나중에 장가(시집)나 제대로 갈 수 있을지 몰라."

이러한 반응은 아이로 하여금 자신의 행위에 대한 정확한 판단과 반성을 넘어 과도한 죄책감을 갖게끔 빌미를 줍니다. 커서도 아주 작은 실수를 한 자신이나 남을 쉽게 용서하지 못하고 심하게 자책하거나 몰아붙이는 사람들이 있지요? 바로 어려서부터 이 같은 질책에 자주 노출되었던 사람이기 쉽습니다.

그렇다면 과연 어떻게 야단치거나 지적을 해야 효과적일까요? 야단 그 자체에 교육적 효과가 있다는 연구는 거의 없지만, 야단치는 사람의 진심이 교육적 효과와 관계있다는 연구는 더러 있습니다. 다시 말해, 야단의 내용보다는 야단을 치는 사람의 진심이 훨씬 중요하다는 말입니다. 그러므로 야단을 칠 때에는 진심을 담아서 쳐야 합니다. 짜증이나 화를 풀기 위한 수단이 아니라 진정으로 상대를 염려하는 마음이어야 하지요. 이것 하나만 고치면 상대의 삶이 더욱 나아질 것이라는 마음가짐으로 야단을 쳐야 하는 것입니다.

아이들은 그것을 바로 알아차립니다. 엄마가 진심으로 자신을 걱정해서 야단을 치는지, 아니면 그저 화나 짜증을 표현하는지를 바로 아는 것이지요. 아이에게 엄마의 야단이 단순한 화풀이로 받아들여진다면 엄마와의 관계만 더 나빠질 뿐 야단의 교육적 효과는 기대할 수 없습니다.

그래서 야단은 그 효과를 감안해 냉철해야 하고 또 전략적이어야 할 필요가 있습니다. 전략적으로 야단치기 위해서는 우선 충분한 고려가 있어야 합니다. 꼭 야단을 쳐야 할까? 야단치는 것 외에 대안은 없을까? 아이의 어떤 점을 야단쳐야 할까? 다시 말해 아이의 행동 중에서 바뀌었으면 하는 점은 무엇이고 어떻게 바꾸어야 할까? 마지막으로, 아이는 야단을 맞을 준비가 되어 있을까?, 등의 물음을 한번쯤 생각해봐야 합니다.

당장에 화가 나는데 '전략적인 야단'이 말이 되느냐고 반문할지도 모르겠습니다. 그 순간 정말 화가 크게 난다면, 그리고 그 화가 그토록 중요하다면 어쩔 수 없습니다. 다만, 그렇게 치밀어오른 화를 아이 탓으로 돌려서는 안 됩니다. 사실 화는 아이 때문이 아니라 자신 안의 신념과 정서 체계에 의해 생겨난 것입니다. 아이의 그런 행동 때문에 모든 부모가 다 화가 난다면 아이 때문이라고 할 수도 있겠지만, 그렇지 않은 분들도 적지 않게 있습니다. 화의 원인이 꼭 아이가 아닌 이유이지요. 그와 더불어 내 자신 안에서 화의 원인을 찾으려는 노력이 필요한 이유이기도 합니다.

야단 전략을 세웠다면 아이에게 이야기할 게 있다는 것을 알리고, 그 이야기를 언제쯤 하면 좋을지에 대해 먼저 의논합니다. 그렇게 대화 시간을 확보해 아이와 마주했다면 야단을 칠 행위를 구체적이고도 분명하게 묘사해야 합니다. 단순히 부모 마음대로 판단한 것이 아니라 누가 봐도 수긍할 만한 사실적인 묘사가 필요한 것입니다. 예를 들어, 매일 밤늦게까지 게임하느라 아침에 제 시간에 일어나지 못하는 아이가 있습니다. 그래서 아이가 저녁에 게임을 하는 것은 좋지만, 어느 정도 선에서 절제할 줄 알았으면 좋겠고 아침에도 제 시간에 일어나기를 바란다면 이런 식으로 말하는 게 좋습니다.

"엄마가 지난 일주일(또는 한 달 등 구체적 기간) 동안 네가 집에서 생활하는 걸 지켜봤는데, 일주일에 서너 번(자신이 직접 관찰한 횟수)은 새벽까지 게임하더라. 그래서 아침에 잘 일어나지도 못하고 말이야. 얼핏 봐도 졸려서 힘들어하는 모습이던데, 그게 엄마한테는 너 스스로 관리를 못 하고 그저 게임에만 푹 빠져 있는 것처럼 보여. 거기에 대해 넌 어떻게 생각하니?"

이처럼 객관적인 근거와 함께 자녀의 생각도 들어볼 필요가 있습니다. 아이가 자기 입장이나 생각을 밝힐 기회를 주는 것이지요. 그런 다음 아이의 생각이 타당한지 아닌지를 판단합니다. 만약 타당하다면 아이의 행동이 엄마에게 어떻게 보이는지에 대해서만 이야기하면 됩니다. 그리고 타당하지 못하다면 왜 그런지에 대해서도 다시 말해주어야 하겠지요. 여기서 중요한 것은, 아이의 행동이 엄마에게 어떻게 보이는지, 그리고 그에 대한 엄마의 기분이나 생각이 어떤지를 분명하게 밝히는 것입니다.

"엄마는 네가 그렇게 삶의 주인 노릇을 잘 못하는 게 걱정이 돼. 게임에 빠져 헤어나지 못하는 것으로 보이니까 말이야. 게임이든 뭐든 너 스스로 헤쳐 나갈 수 있으면 좋을 텐데, 혹시 네 마음처럼 잘 안 된다면 엄마나 아빠가 도와줄 건 없을까?"

대화의 마지막에는 "그렇다면 앞으로는 어떻게 할 생각이야?"라든지 "앞으로 어떻게 하고 싶어?"라고 물어서 아이 스스로 대안이나 계획을 생각해보도록 합니다. 부모가 어떤 도움을 주면 좋을지에 대해서도 물어보아야 하고요. 아이와 이런 대화를 나눌 수 있다면 화를 내고 야단을 쳐서 당장의 기분을 풀기보다는 훨씬 효과적이고 생산적입니다. 야단도 하나의 교육적 행위라면 그만큼 책임 있는 준비와 절차가 필요합니다.

실수를 통해서도
배우게 하는 엄마

아이들은 실수를 합니다. 아니, 인간은 누구나 살아가며 무수한 실수를 경험하지요. 그런데 실수와 관련해 생각해봐야 할 게 있습니다. 과연 '무엇을 실수라고 하는가?'라는 점입니다. 물을 아무 데나 엎지른 것이 실수인가요? 밥그릇을 놓친 게 실수인가요? 아니면 물을 흘리고 엎질렀다고 꾸중하는 게 실수인가요? 밥그릇을 놓쳤다고 그에 상응하는 벌을 주는 게 실수인가요?

생각해보면 어떤 게 실수인지를 꼭 꼬집어 말할 수 없는 경우가 허다합니다. 컵을 조심스레 다루지 않아 물을 엎지른 게 실수라면, 이에 대한 부모의 야단은 그 순간 조심성을 배울 기회를 놓쳐버리는 대신 아이가 자신의 모자람과 두려움을 배우게 한 것도 일종의 실수라고 할 수 있습니다.

실수를 바라보는 시각을 바꿀 좋은 예화가 있습니다. 발명왕 에디슨이 백열등의 필라멘트를 발명할 때의 이야기이지요. 그의 조수가 "선생님, 벌써 90가지의 재료로 실험을 해보았지만 모두 실패했습니다. 필라멘트는 발명이 불가능할 것 같으니 이제 그만하는 게 어떻겠습니까?"라고 묻자, 에디슨은 이렇게 말했다고 하지요.

"무슨 소리야. 자네는 그것을 왜 실패라고 생각하나! 우리는 실패한 게 아니라, 사용에 부적합한 재료를 90가지나 알아낸 아주 성공적인 실험이었다네."

'실패는 성공의 어머니'라는 말은 이래서 나왔을 테지요.

자녀가 실수했다고 야단치는 부모가 있습니다. 왜 야단을 치냐고 물으면 똑같은 실수를 방지하기 위해서라고 합니다. 그런데 꼭 야단을 쳐야만 할까요? 저는 이것을 부모 교육을 할 때면 물어보곤 합니다. "왜 야단을 치세요?"라는 물음에 대답은 한결같습니다. 뭔가를 잘못했기 때문이라는 것이지요. 제가 또 이렇게 묻습니다.

"잘못해서 야단을 치면 잘못한 것이 없어지나요?"

"정신 차려서 앞으로는 잘하라는 것이지요."

그러면 거의 이런 대답이 돌아옵니다. 요컨대 야단은 아이가 잘못해서라기보다는 앞으로 같은 실수를 반복하지 말라는 의도라는 것이지요. 여기에 제가 "칭찬은 왜 하세요?"라고 물으면 이번에는 거의 "잘했으니까 칭찬하지요."라는 대답이 나옵니다.

그러고 보면 결국 야단을 치는 것이나 칭찬을 하는 것이나 목적은 같습니다. 앞으로 더 잘하라고 하는 것이지요.

하지만 야단은 자녀를 주눅 들게 하고 움츠리게 합니다. 그에 비해 칭찬은 자녀에게 더욱 힘을 주고, 신이 나게 하고, 동기를 만들어줍니다. 그렇다면 무엇을 해야 할까요? 그제야 부모님들은 씁쓸하게 웃으며 '칭찬을 해야겠다'고들 대답합니다.

많은 학자들이, 칭찬이 사람들에게 얼마나 긍정적인 영향을 미치는지를 연구하는 데에는 별로 힘이 들지 않았다고 합니다. 그러한 결과가 너무나도 많아서 굳이 연구할 필요가 없을 정도였다지요. 되도록 야단을 줄이고 칭찬을 늘려야 할 것 같습니다. 나를 위한 '야단'이 아니라 우리 아이를 위한 '칭찬'을 말이지요.

그런데 아이들이 정말 실수를 한 상황에서는 어떻게 해야 할까요? 앞서 말했듯이 야단을 친다고 실수 자체가 없어지지는 않습니다. 그런 실수는 수용해줄 필요가 있습니다. 실수를 했다고 내 자녀가 아닌 것은 아니기 때문이지요. 실수 여부와 상관없이 내 소중한 자녀이기에 자신의 실수에 대해 눈치를 살피는 아이를 포용해야 하는 것입니다. 그리고 그 실수를 교육의 한 장면으로 삼아야 합니다.

실수를 통해 새로운 것을 배울 수 있다면 실수도 소중한 경험이 됩니다. 이를 테면 뜨거운 냄비에 손을 덴 실수를 통해 사물을 만질 때에는 조심해야 한다는 것을 깨달을 수 있습니다. 또 뭔가를 어지럽혔을 때에는 그것들을 원래대로 정리하는 데 그만큼의 노력과 시간이 필요하다는 것을 깨닫게 하는 게 단순한 야단보다는 교육적으로 훨씬 효과적입니다.

사람들의 맹목적이고 근거 없는 신념 중 하나는 '경험이 사람을 만든다'는 것입니다. 그래서 아이들에게 많은 경험을 시키고자 애를 씁니다. 물론 경험이란 소중하지요. 하지만 경험 그 자체보다는 뭔가를 경험한 후에 그것을 어떻게 받아들였는지가 더욱 중요하다는 사실을 알아야 합니다. 즉 경험 그 자체보다 경험 이후에 그에 대한 인지적, 정서적 정리가 이루어지고, 다음에는 어떻게 해야겠다는 마음이 들어야 정말 소중한 경험이 된다는 의미입니다. ♠

스스로 공부하는 아이는 부모가 만든다

자녀에 대한 엄마의 관심 분야는 다양하지만, 뭐니 해도 공부에 대한 관심과 열정이 가장 크다고 해도 과언은 아닐 것 같습니다. 자녀와의 갈등 제1순위가 학습인 것만 봐도 그렇습니다. 엄마들은 아이들 공부만큼은 쉽게 손을 놓지 못하고 있지요.

'학습에서 자녀와의 갈등을 최소화하면서 좋은 결과를 만들어내려면 어떻게 해야 할까?'라는 생각을 많이 하실 것입니다. 일단 자녀교육의 다른 많은 부분과 마찬가지로 학습 또한 내 아이에게 맞는 각자의 방법을 찾아내는 게 중요합니다.

그를 위해 세심한 관심과 전문적인 도움이 필요할 수도 있는데, 가장 중요한 것은 자녀에 대한 정확한 이해입니다. 우리 아이의 성격은 어떤지, 과목별 장단점은 무엇인지, 주로 어떤 것에 관심을 보이는지, 심리적 상태는 어떤지 등에 대한 이해가 먼저 이루어져야 아이에게 적절한 학습 유형을 찾아낼 수 있습니다. 그리고 아이를 이해하기 위해서는 자녀와의 소통이 필요하지요. 여기에 객관적인 검사를 활용하면 자녀를 올바로 이해하는 데 큰 도움이 됩니다.

공부 잘하는 아이의 5가지 조건

자신에게 맞는 학습 방법을 찾을 때 자주 언급되는 게 바로 자기주도적 학습입니다. 자기주도적 학습이란 자녀 스스로 공부를 책임지도록 한다는 것이지요. 나아가서 아이가 자신의 진로, 미래에 대해 책임을 진다는 것과도 의미가 통합니다.

그 뜻은 좋지요. 하지만 아이들에게는 이런 말이 부담과 어려움으로 다가올 수 있습니다. 마음이 무거워져 새롭게 해보려고도, 무언가 생각하려고도 하지 않는 아이들이 적지 않습니다. 그러므로 아이들에게 자신의 삶과 미래에 대한 책임을 거론하기에 앞서 아이의 행복과 즐거움에 대해 이야기를 나누는 데서 시작해야 합니다. 조금 돌아가더라도 이편이 훨씬 긍정적이고 수월하지요. 자신이 살아가면서 신나고 즐겁게 해나갈 수 있는 일, 가치 있고 의미 있는 일, 이 두 가지 방향이 함축되어 있는 이야기를 자녀와 자주 나눌 필요가 있습니다. 공부 이전에 공부 의욕이 먼저인 것입니다.

그렇게 공부에 대해 자녀와의 갈등을 줄이고 스스로 공부하게 하려면 부모는 몇 가지 유념해야 할 게 있습니다.

첫째, 동기가 중요합니다.

자신이 공부해야 하는 이유가 뚜렷하고 목적이 명확하면 잠시 지치더라도 이내 제자리로 돌아오기가 쉬워집니다. 목표는 바로 앞에서 언급한 두 가지 방향에서 벗어나지 않을 때 본인의 만족도도 높아져서 더욱 큰 힘을 발휘할 수 있습니다.

둘째, 정서가 안정이 되어야 합니다.

감정 조절 능력은 학습에 지대한 영향을 미칩니다. 이는 스스로 부정적 상황을 해소할 능력에 대한 것이기도 하지만, 아이가 부정적 감정을 쌓아놓지 않도록 도와주는 엄마의 역할이기도 합니다. 특히 아이가 위기 상황에 처했을 때 부정적 생각에 빠져서 감당하기 힘들 정도로 흔들리는 일이 있어서는 안 됩니다. 정서가 안정되어 있지 못하면 당연히 머리가 복잡해지고 집중력이 떨어집니다.

물론 환경이 안 좋다고 언제나 부정적인 것은 아닙니다. 쉽게 말해 집안이 매우 가난하다고 해서 공부를 못하는 것은 아니지요. 가난하기도 한데 마음 붙일 곳도 없어 힘든 상황을 혼자 견뎌내지 못하고 방황해야 한다면 정말 문제일 것입니다. 단지 경제적 이유만으로 공부를 못한다는 탓을 하는 것은 좋은 관점이 아닙니다. 비록 집이 가난해도 가족이 서로를 챙기고 배려해준다는 생각이 들면, 아이의 정서 또한 안정되어 가족을 위해 무언가 기쁨을 주려는 마음이 생기는 게 사람의 기본적인 심리입니다. 반면에 아무리 부자라도 매일같이 부모님이 싸우고, 형제끼리도 서로 원수처럼 지낸다면 공부에 집중할 수 있을까요? 아니, 그 집에서 살고 싶을까요?

셋째, 스스로에 대한 이해를 높여주어야 합니다.

자신이 좋아하고 원하는 것을 안다면 그것을 이루기 위해 최선을 다할 가능성이 높아집니다. 자신을 잘 알고 있다는 것은 목표 설정이 수월해진다는 의미이기도 하지요. 자신을 잘 안다는 말은 단지 좋아하고 싫어하는 것을 잘 안다는 게 아니라, 자신의 희망과 장점, 단점 등을 잘 파악하고 있다는 뜻입니다.

넷째, 아이가 잘 해나갈 수 있다는 믿음을 가지는 일입니다.

학습도 양육의 한 부분으로 보아야 합니다. 아이가 계획은 잘 세워도 실천이 뒤따르지 않는 모습을 보며 꾸중하거나 비아냥거리는 엄마들이 있습니다. 이런 말들은 그다지 도움이 안 됩니다. 오히려 아이가 끈기를 갖고 지속적으로 할 수 있는 힘을 잃어버리게도 하는 태도이지요. 공부를 잘하려면 기본적인 머리나 요령도 있어야 하지만, 끈기와 인내 같은 요소를 무시할 수 없습니다. 끈기는 끈질기게 견디는 힘으로 쉬고 싶고, 놀고 싶은 마음을 억누를 수 있어야 하지요. 자녀에 대한 부모의 신뢰가 그 같은 마음을 굳건하게 해주는 측면이 있습니다. 그렇지 않고 "엄마도 나를 안 믿는데 내가 왜 참아야 해!"라는 상황이라면 곤란하지요.

믿음은 잠시의 행동이 아닌 지속적인 흐름입니다. 점점 더 좋아지고 있다고 기다리는 것이지요. 아이에게 공부 의지가 있다면 믿고 기다려주는 엄마의 태도가 꼭 필요합니다. 아이에 따라서는 공부의 효과가 아주 천천히 나타나는 경우도 적지 않기 때문입니다.

이 정도면 자녀가 공부를 잘할 수 있는 분위기가 조성될 것 같습니다. 원하는 목표를 찾았고, 자신의 상태도 알았다면 이제 구체적인 공부 요령과 자기주도적 학습법을 적용할 차례입니다. 내 아이에게 맞는 공부법은 여러 시도를 했을 때 가장 효과가 좋았던 학습법을 찾는다는 마음가짐으로 접근하면 됩니다. 무엇보다 중요한 것은 아이가 공부에 집중할 수 있도록 심리적, 환경적 여건을 갖추었는지 여부입니다. 이것은 기본에 속하면서도 의외로 큰 효과를 발휘하는 공부의 조건이라고 할 수 있습니다.

마지막으로, 아이가 도움을 요청할 때 엄마는 받아줄 준비가 되어 있어야 합니다. 공부할 마음이 있고 자기에게 맞는 공부 방법을 알아도 혼자서는 어려운 경우가 있습니다. 예를 들면 영어나 수학은 전혀 새로운 개념이나 낯선 언어이므로 누군가 이끌어줄 필요도 분명 있습니다. 미술이나 음악 같은 예체능도 그렇지요. 아이는 하고 싶어도 올바른 안내가 뒷받침되지 않으면 오래도록 헤매거나 도중에 쉽게 좌절할 수도 있습니다. 아이가 공부의 어려움을 호소하거나 스트레스를 많이 받을 때 그 마음을 잘 헤아려주고 힘을 북돋워주는 엄마의 마음도 잊지는 말아야겠지요.

당장의 성적보다 중요한 아이의 강점 찾아주기

사람에게는 누구나 강점인 부분과 약점인 부분이 있습니다. 예전의 가정교육이나 학교교육은 주로 약점을 보완해 보편적인 사람을 육성하는 것을 목표로 삼았던 것 같습니다. 그런데 사람은 자신의 강점을 차별화하고 개발하는 게 쉬울까요? 아니면 약점을 보완해 다른 사람들과 별 차이 없는 보편적 상태로 만드는 게 쉬울까요?

춘추전국시대 때 조나라에 공손룡이라는 사람이 있었습니다. 그는 무엇이든 한 가지 재주만 있으면 누구나 식객으로 맞아들였습니다. 하루는 고함을 잘 지른다는 사람이 찾아와서 머물기를 청하자 흔쾌히 받아들였지요. 그는 일년이 넘도록 하는 일 없이 놀고먹었지만 주인은 싫은 기색 하나 없었습니다. 그런 어느 날 공손룡이 연나라에 다녀오다가 큰 강에 길이 막히게 되었습니다. 그날 안으로 꼭 건너야 했기에 강 건너 멀리에 있는 뱃사공을 불렀지만, 아무리 소리쳐도 사공은 듣지를 못했지요. 그런데 때마침 그 식객이 자신만만하게 언덕 위에 올라 천둥 같은 고함을 질러댔습니다. 그러자 뱃사공은 소리를 들었고 일행은 무사히 강을 건널 수 있었답니다.

목소리 하나 큰 것이 뭐 그리 장점일까 하지만, 세상이 돌아가는 데에는 참으로 많은 능력들이 필요하고 실제로도 다들 제 몫을 발휘하고 있지요. 예를 들어 어느 한 가지 영역에서 자신의 능력을 최대한 발휘하며 살아가는 사람들의 이야기를 방송에서 자주 볼 수 있습니다. 일명 달인이라고 불리는 그들은 그 정도의 능력을 갖기 위해 오랜 세월을 노력해온 동시에, 하나같이 그 일을 즐기는 사람들입니다. 자신이 좋아하는 일을 오래 열심히 해왔다는 게 그들의 성공 비결인 것입니다.

하지만 대다수 부모들의 바람은 '보편적이면서도 특별한 아이'를 키우는 것인 듯합니다. 다들 자녀가 공부를 잘하기를 바랍니다. 그것도 모든 과목을 잘하기를 바라고, 그래서 좋은 대학에 가기를 바라며, 마침내는 좋은 곳에 취직하기를 바랍니다. 그래야만 행복할 것이라고 굳게 믿고 있습니다.

과연 그럴까요? 공부를 잘해서 행복해지려면 공부를 정말 좋아하지 않는 한 이제는 어렵습니다. 공부를 잘한다는 이유만으로 대접받는 사회도 차츰 멀어져 가고 있지요. 공부는 어디까지나 수단이 되는 시대로 넘어가고 있습니다. 좋은 대학까지야 성적만 좋으면 들어갈 수 있다지만(게다가 이들은 비교적 소수이지요.) 이후부터는 다릅니다. 공부를 잘해도 자기 분야에서의 특출한 재능이 없으면 언제 뒤처질지 모르는 게 요즘 사회입니다. 반면에 공부에는 소질이 없어도 자기만의 재능으로 크게 성공하는 사람들이 늘어나고 있습니다. 예능과 스포츠 분야 외에도 벤처나 소자본 창업을 통해서도 자아실현을 하고 경제적으로도 안정을 누리는 부류가 그렇지요. 경제적 소득을 기준으로 보더라도 그러한데, 여기에 행복이라는 가치 기준을 적용하면 공부만 잘하는 것과 자기만의 능력을 살리는 것의 차이는 더욱 확연해질 것입니다. 내가 좋아하는 일이 아니라면 행복하기 어렵다는, 아주 단순한 이치이지요.

물론 이들이 공부를 잘했을 수도 있지만, 성공의 직접적인 요인은 다른 데 있습니다. 그렇게 성공한 사람 중에 공부와는 무관했던 이가 적지 않다는 게 그 증거이지요. 그들은 공부와는 별개로 자신의 재능을 살리고 꿈을 키워온 사람들입니다. 그리고 그들의 뒤에는 아마 자신의 강점을 일찍 발견하고 키워준 누군가가 있었을 것입니다.

사람은 모든 면에서 완전할 수 없는 한편으로, 나름대로의 강점과 약점을 지니고 있습니다. 그런데 많은 사람들이 강점을 찾아서 더욱 발전시키기보다는 약점을 보완하는 데에 온갖 정성을 쏟고 있습니다. 약점을 보완하는 것도 의미가 전혀 없지는 않겠지요. 내가 잘하는 것은 더욱 잘하고, 내가 못하는 것이라도 남들 하는 만큼 한다면 딱히 나쁘지는 않을 것입니다.

하지만 그렇게 해서 최고가 될 수는 없습니다. 하물며 공부가 약점이고 정말 하기 싫어하는 아이에게 공부만을 강요한다면 어떻게 될까요? 내가 잘 못하고 아무리 노력해도 나아지지 않는다고 느껴질 때 그 사람이 느끼는 무기력감이나 우울감은 매우 심각해질 수 있습니다. 그런 아이에게는 삶의 다른 목표를 찾아주고 그 수단으로써 공부를 하도록 이끌어주는 게 가장 합리적일 것입니다.

사람은 누구나 살아가면서 어떠한 역할에 다다르게 됩니다. 그 역할은 내게 맞을 수도 있고, 아니면 어쩔 수 없이 그 일을 하며 살아야 할 수도 있습니다. 그 역할이 무엇인지, 또 내게 얼마나 잘 맞는지를 빨리 알아내는 게 성공과 행복의 비결인지도 모르겠습니다.

그래서 아이가 어려서부터 잘 맞는 역할을 찾아주는 게 부모가 해주어야 할 가장 중요한 일이 아닌가 싶습니다. 일단은 아이가 자신의 강점을 깨닫도록 도와주어야겠지요. 이를 위해서는 직접적이든 간접적이든 다양한 경험을 해볼 필요가 있습니다. 그리고 부모는 그 과정을 주의 깊게 바라볼 수 있어야 합니다. 앞에서도 언급한 엄마의 민감성을 발휘하는 것이지요. 아이가 어느 분야에 자주 호기심을 보이는지, 어떤 분야의 이야기를 할 때 목소리가 들뜨는지, 어떤 사람들에게 호감을 나타내고 좋아하는지 등을 살피고 그에 대해 이야기를 나누어 보세요. 다양한 가능성을 확인하는 가운데 아이가 좋아하고 잘할 수 있는 분야를 찾아낼 수 있을 것입니다.

학교 상담실이나 지역의 복지관, 전문기관을 찾아서 직업 적성, 성격 검사, 흥미도에 관한 검사를 받아보는 것도 강점을 찾아주는 하나의 방법입니다. 전문기관에서는 성격 검사부터 시작해 진로에 관한 모든 검사를 풀배터리full-battery(종합심리평가. 한 사람의 종합적 이해를 위한 검사로서 지능검사, 성격검사, 투사검사, 진로에 관한 검사 등 다수의 검사로 이루어진다.)로 해봐도 좋을 것 같습니다. 그 밖에 1980년대 중반에 미국에서 활성화된 다중 지능에 대해서도 관심을 가져볼 만합니다. 미국의 가드너라는 심리학자가 창안한 이론으로, 인간의 지능은 모두 8가지로 구분할 수 있으며 각각의 지능 정도에 맞게 진로를 선택하는 것이 바람직하다는 내용입니다.

이러한 검사를 통해 자녀의 강점을 발견해주고, 아이 스스로가 자신을 바라보는 시간을 갖게끔 해주고, 또한 주위의 존경할 만한 어른이나 학교 선생님의 의견을 아이와 함께 들어보는 것도 좋겠지요. 이렇듯 여러 관점에서 자녀의 특성을 모아가다 보면 남다른 강점을 보다 정확하게 찾아낼 수 있을 것입니다. 다시 한 번 말씀드리지만, 이렇게 하는 이유는 바로 아이의 행복을 위해서입니다. ♠

부모는
더 멀리 볼 수 있어야 한다

최근 청소년 자녀를 둔 부모님들의 상담이 늘고 있는 가운데, 그중에서도 대학생 자녀를 둔 부모님들의 근심이 늘었다는 게 또 하나의 특징인 듯합니다.

여차여차해서 대학에는 보냈는데 막상 대학에 가더니 아이들이 달라지고 이상해졌다는 것입니다. 아니, 달라지지 않더라는 것입니다. 부모와의 갈등은 물론이고 제 일 앞가림조차 제대로 못 한다고 합니다. 공부는 공부대로 손 놓고 노상 게임만 한다든지, 친구들만 안다든지, 혹은 사람들과 관계를 제대로 맺지 못해 중 · 고등학교 시절마냥 대학에서도 왕따를 경험한다는 등의 문제였습니다. 개중에는 세상을 피해 은둔형으로 살며 대학 생활에 적응하지 못하더라는 호소도 있었습니다.

이러한 현상을 보며 그 이유를 생각해봅니다. 아마도 각자의 사정이야 조금씩 다르겠지만, 전반적으로 우리 사회의 문제로 여겨지는 부분과 통하는 게 있지 않을까 싶습니다. 바로 자신의 꿈이 없다는 것이지요. 인생은 삶을 넓게 보고, 자신의 꿈과 목표를 설정하고, 그에 따른 계획과 실행이 필요한 과정입니다. 하지만 요즘의 청소년 그리고 부모도 그런 것들을 깊이 생각하지 않지요. 그 대신 대학 입시에만 모든 주의가 기울어져 있습니다. 당장 코앞의 목적만을 생각하는 것이지요. 인생은 그렇게 단순하지도, 짧지도 않은데 말입니다.

인생은
대학 진학에서 끝나는 게 아니다

대학을 목적으로 달려온 삶은 거기서부터 방향을 잃을 수밖에 없습니다. 목표가 사라지기 때문입니다. 지금 이 순간 무엇을 해야 하는지가 혼란스러워지고 자신감도 떨어집니다. 이처럼 청소년기의 골인 지점과 인생의 골인 지점이 다르다는 사실을 간과한 게 대학생 자녀들을 게으르고 무기력하게, 또는 무책임하게 만드는 이유 중 하나가 아닐까 합니다.

마라톤은 42.195km를 달리는 경주이지요. 그런데 선수들은 이 거리를 무작정 뛰는 게 아닙니다. 코스를 분석해 힘을 배분해 달리지요. 심지어 여러 선수가 짝을 지어 그중 골인 주자의 페이스를 조절해주는 페이스메이커라 불리는 사람이 있고, 또 일부는 중도에 포기하더라도 다른 선수들의 페이스를 잃게끔 현혹하는 사람도 있습니다. 그렇게 한 사람의 영광의 주자를 떠받쳐주는 전략적 경기가 마라톤인 것입니다.

만약 이러한 것들을 감안하지 않고 선수가 무작정 열심히만 달린다는 각오라면 아마도 도중에 힘이 빠져서 더 이상 뛰지 못하는 상황에 처할 수도 있을 것입니다. 혹은 중간 거리를 골인 지점으로 믿고 달렸다면 또 어떨까요? 반환점 이후에는 달리는 게 정말 고역일 테지요. 그처럼 학교에서도 대학 진학이 최종 목표인 것처럼 여기고 준비하는 경향이 있는 것 같습니다. 인생의 절반 거리에도 한참 못 미칠 텐데 말이지요.

부모님이나 선생님이 "대학에만 들어가. 대학에 가면 모든 게 다 끝나."라는 식으로 말씀하는 게 아이들에게는 그 같은 착각을 불러일으킵니다. 사실 그런 환상에 빠진 부모님도 적지는 않아서, 대학 진학을 위해서라면 다른 많은 것들을 참고 감수합니다. 아이가 말을 듣지 않아도, 일탈 행위를 해도 그저 대학에 가기만 하면 모든 게 다 해결된다고 믿는 것이지요.

그렇게 열심히 공부하고 많은 것을 희생해서 드디어 대학에 진학합니다. 하지만 대학에 들어와서도 막상 달라질 것은 아무것도 없지요.

오히려 더 어려워진 공부와 두터운 취업의 문이 아이들 앞에 놓입니다. 게다가 적성을 무시한 채 성적에 맞춰 전공을 선택했다면 더더욱 흥미를 갖고 학교에 다닐 이유가 없을 테지요.

오로지 합격만을 바라보고 힘겹게 대학 관문을 통과했지만 앞으로도 첩첩산중이 남아있고, 함께할 친구들도 낯설고, 배우는 것도 적성에 안 맞는다면 아이들이 선택할 길은 별로 없을 것입니다. 그나마 서로를 이해해주고 생각과 뜻이 비슷한 또래와 어울리다 보니 오직 (이성)친구 관계만을 생각하면서 시간을 보내기도 합니다. 그동안은 부모의 말이나 규칙을 잘 지키며 지내왔던 자녀에게 갑작스레 친구와의 관계가 더 소중해지는 것이지요.

이와 같은 상황을 만들지 않으려면 인생을 길게 보고 장기적 안목으로 삶의 비전과 목표를 세우는 게 중요합니다. 부모님이나 학교에서도 이를 도와야 하지요. 목표가 없는 삶은 신이 나는 일도 없는 법입니다. 무엇을 어떻게 준비해야 할지 몰라서 혼란스럽고 무기력해지기도 하지요. 그에 비해 목표가 있는 삶은 무엇을 해야 하는지가 상대적으로 명확합니다. 목표를 준비하며 나아가는 자신의 상태에 대한 점검과 평가 또한 쉽습니다. 그때그때의 상황에 맞게 계획을 수정할 수도, 보다 정교한 전략을 세워 대비할 수도 있습니다.

대학에 들어가서도 앞으로 남은 날들은 정말 많습니다. 이 기간 동안 자녀가 막연하게 살아가기보다 더 생동감 있고 능동적인 삶, 진정으로 자신의 삶을 책임지는 자세로 살아가기를 바란다면 무엇보다 삶의 분명한 목표를 세우도록 곁에서 도울 필요가 있습니다. 만약 그럴 수 있다면 아이들은 대학 진학을 기점으로 분명히 달라질 수 있습니다. 이제 자신의 삶을 본격적으로 펼쳐 보일 시기가 도래했기 때문입니다.

자녀를 올바르게 이끄는 진로 지도 5단계

자녀를 양육하는 데는 건강, 성품, 교육 등 신경 써야 할 것들이 다양하게 있습니다. 하나하나 다 중요하지만 그중 간과하기 쉬우면서도 놓쳐서는 안 되는 게 바로 진로 문제입니다. 하지만 자녀의 진로에 대해 구체적이고 합리적인 계획을 가진 부모는 사실 그리 많지 않습니다. 대개는 '우리 아이가 ○○에 재능이 있는 것 같으니 ○○ 직업을 가졌으면 한다'라든지, '앞으로 ○○분야가 유망하니 ○○를 가르쳐야겠다'는 정도에 머물고 있습니다. 심지어 고등학교에서 문 · 이과를 나눠야 한다고 할 때 '너는 수학을 잘하니까 이과를 가라', '국어를 잘하니까 문과를 가라'는 식으로 조언하는 경우도 있습니다. 또한 '너의 일이니 네가 알아서 정하라'는 부모도 많이 계십니다. 마치 이때부터 네 삶의 주인은 너라는 식으로 말입니다. 그러니 아이들은 혼란스러울 수밖에 없습니다. 이제껏 부모의 지나친 간섭 혹은 방임으로 내가 무엇을 하고 싶은지, 내가 내 마음대로 해도 되는지에 대해 진지하게 생각해볼 기회를 갖지 못했기 때문입니다.

엄마들부터가 먼저 진로 지도의 중요성을 인식해야 합니다. 특별한 문제가 있지 않는 한 누구 하나 진로에 대해 고민하지 않는 아이는 없습니다. 우리나라 청소년의 고민 1위가 바로 학업과 진로 문제입니다. 이 두 가지는 결국 하나이기도 하지요. 아이의 진로는 한 개인의 일이면서도 집안 전체의 일, 또 사회 전체의 일이기도 합니다. 무엇보다 진로 선택이 학업의 문제와 동떨어지지 않는 만큼 부모들도 관심을 가지고 아이들을 도와줄 준비가 되어야 할 것입니다.

여기서는 자녀의 진로 지도와 관련해 부모가 단계별로 무엇을 준비하면 좋을지에 대해 고민해보겠습니다.

진로지도 1단계 – 진로에 대한 생각 심어주기

진로의 사전적 정의는 한 개인이 일생 동안 일과 관련해 경험하고 거쳐 가는 모든 체험들을 의미합니다. 다만 우리는 진로를 직업이라는 개념으로 구체화해 받아들이기도 합니다. 좀 딱딱할 수 있는데, 직업의 의미부터 짚고 넘어가야 할 것 같습니다. 직업의 의미를 제대로 이해하지 못하고 지나치게 협소하게 생각해 삶의 질을 떨어뜨리는 경우가 의외로 많기 때문입니다.

직업은 크게 세 가지의 의미를 지닙니다.

첫 번째는 경제적 소득원으로서의 의미입니다. 물질 만능주의가 만연한 요즘의 세태에서는 매우 큰 부분을 차지하고 있지요.

두 번째는 사회적 구성원으로서의 의미입니다. 단지 경제적 부분만을 고려한다면 부유한 사람들은 직업을 가져야 할 이유가 없습니다. 하지만 그들이 직업을 가지려는 이유는 사회적으로 의미 있는 구성원의 역할을 할 때 존재감이나 자기 효능감이 충족되기 때문입니다.

세 번째는 자아실현의 장으로서의 직업입니다. 현재의 자신보다 더 나은 자신으로 성장하기 위한 노력의 장으로서 직장을 활용하는 것입니다. 신입사원부터 한 단계씩 올라 임원까지 승진하거나, 자신이 원하는 회사를 창업하기 등은 모두 더 나은 자신을 위해서입니다. 또한 이를 통해 느끼는 성취감은 삶의 중요한 원동력이 됩니다.

진로지도 2단계 – 자신에 대해 바로 이해하기

올바른 진로 선택을 위해서는 무엇보다 아이 자신에 대한 정확하고 객관적인 이해가 필요합니다. 현대사회는 산업이 고도로 분화되고 발전하였습니다. 이에 따라 직업의 종류도 수없이 많아졌지요. 우리나라만 하더라도 2만 개 이상의 직업이 있다고 하며, 지금도 끊임없이 새로운 직종이 생겨나거나 사라지고 있습니다. 일의 내용 또한 점점 전문화되고 복잡해지고 있지요. 이처럼 복잡한 직업 세계에서 나에게 가장 적합한 직업을 선택하고, 성공적인 직장 생활을 영위한다는 것은 결코 쉬운 일이 아닙니다. 더욱이 직업에 따라 요구되는 능력과 적성, 기능, 역할 등은 매우 다양하므로, 그만큼 나에 대해 바로 이해하는 것이 중요하다고 하겠습니다.

앞에서 설명했듯이 평소에 자녀와 다양한 삶의 모습이나 장래 희망 등에 대해 이야기하는 기회를 자주 갖는 한편으로 아이 자신의 성격, 적성, 흥미, 가치관, 진로 인식 및 성숙도 등에 대한 이해를 위해 적절한 검사를 이용하는 것도 크게 도움이 됩니다.

진로지도 3단계 - 직업 세계에 대한 이해

일과 직업의 세계에 대한 객관적인 정보와 탐구 없이 진로 혹은 직업을 선택한다는 것은 수박 겉핥기와도 같다고 할 수 있습니다. 자신이 원하는 일과 직업에 대해 잘 모르는 청소년이 대부분일 것입니다. 안다고 하더라도 피상적인 수준에 그치는 경우가 많고, 대다수는 어려서부터 자주 접하는 부모님의 직업 정도만 비교적 자세히 알고 있기 쉽습니다. 그래서 외국에서는 가업을 잇는 것을 바람직하게 여기고 있기도 합니다.

부모는 이처럼 자녀가 직업의 세계를 엿볼 수 있는 1차적 존재입니다. 부모를 통해 일에 대한 의미와 가치를 배우게 되는 것이지요. 이와 함께 자녀에게 다양한 경험을 통해 직업을 접하게 해주는 방법이 있습니다. 예를 들어 여행에서 만나게 되는 직업이나, 자원봉사 경험을 통해서도 여러 직업을 접할 수 있지요. 이처럼 자신이 직 · 간접적으로 여러 직업을 접해보는 가운데 자신에게 맞는 일을 찾아내는 과정이 진로 지도입니다. 당연히 긴 시간이 소요될 것이고, 부모님과도 자주 의견을 주고받는 게 좋겠지요.

진로지도 4단계 - 정보 활용 능력 기르기

현대사회를 '지식 및 정보화 시대'라고 일컫습니다. 지식과 정보가 그만큼 중요한 역할을 하고 있으며 고부가가치를 만들어낸다는 의미이기도 하지요. 따라서 정보화 시대에 살고 있고, 앞으로 더욱 고도화된 정보화 시대를 살아가야 할 청소년에게 정보를 탐색하고 활용하는 능력을 길러주는 일은 결코 소홀할 수 없습니다. 하지만 대부분의 엄마들은 아이가 컴퓨터나 스마트폰을 오래 붙잡고 있으면 경기를 일으킬 정도로 싫어하지요. 이러한 태도가 오히려 부모로부터 멀어지고 더 쉬쉬하게 하는 아이를 만들 수 있습니다.

이제는 부모들도 좀 더 적극적인 태도가 필요합니다. 자녀가 하는 게임에 대해 아무것도 모르면서 그저 하지 말라고, 공부에 방해가 된다고 단정 짓는다면 아이들은 받아들이기 쉽지 않습니다. 그 대신에 자녀의 온라인 활동을 잘 지도할 수 있어야 합니다. 자신에게 필요한 다양한 정보를 신속하게 수집하고 분석해 적절하게 활용하는 능력은 정보화 시대의 미덕이기도 합니다. 더욱이 방대한 정보가 혼재해 있는 직업 선택에서도 유익한 도움을 받을 수 있지요. 무조건 반대하지 말고 함께 즐기고 나누려는 마음가짐이 필요할 것 같습니다. 잘 모르면 자녀에게 배워야 합니다. 아이들은 자신이 어떤 중요한 역할을 한다는 생각이 들면 더 잘하려는 마음을 가지니까요.

진로지도 5단계 - 일과 직업에 대한 올바른 가치관 형성하기

일과 직업에 대한 가치관과 태도는 성장하는 과정에서 자연히 형성되는데, 만약 왜곡되어 있다면 바로잡아주어야 합니다. 학자들은 아이들이 올바른 직업관을 갖기 위해서는 다음의 고정관념에서 벗어나도록 도와주어야 한다고 말합니다.

첫째, 일 자체를 목적보다는 수단으로 여기는 생각을 버려야 합니다. 예컨대 오로지 돈을 벌기 위해 직업을 구하려는 태도가 가장 흔한 경우일 것입니다.

둘째, 직업 자체에 대한 편견을 버려야 합니다. 어떤 일은 귀한 일이고 어떤 일은 그보다 못하다는 편견이 의외로 만연돼 있습니다. 이른바 화이트칼라, 블루칼라로 직업을 양분하는 태도도 바람직하다고 보기 어렵지요. 그 같은 세상의 편견에서 벗어나 '내가 좋아하고 나에게 잘 맞는 일'이라는 주체의식을 높여줄 필요가 있습니다.

셋째, 성 역할에 대한 고정관념에서 벗어나야 합니다. 성 역할의 고정관념이 가장 뿌리 깊게 심어지는 곳이 바로 가정입니다. 성 역할과 관련해 부모가 자녀를 대하는 차별의 태도나 말은 은연중에 자녀의 뇌리에 새겨집니다. 물론 부모 개인의 가치관인 측면이 있지만, 훗날 자녀의 직업과 결혼생활에도 지대한 영향을 미친다는 사실을 인식해야 합니다.

진로 지도는 이 5단계 외에도 더 있을 테지만, 가장 중요하다고 여겨지는 것들을 중심으로 살펴보았습니다. 무엇보다 진로 지도 또한 아이의 가정생활 전체의 영향을 받는다는 사실을 명심해야 할 것 같습니다. 그래서 부모는 그때그때 생각나는 대로 한두 마디 보태주는 차원이 아니라, 아이의 현재 상황에 맞게 의식적이고도 현명한 준비와 선택에 힘써야 할 것입니다. 생각하고 준비하는 부모가 아이의 올바른 성장을 이끌 수 있습니다. ♠

두려움은 우리가 '원하는 것'이 아닌
'원하지 않는 것'에 초점을 두기 때문입니다.
진정으로 내가 원하는 것에 집중하면
두려움을 이길 수 있습니다.

· 설기문의 《너에게 성공을 보낸다》 중에서 ·

아이에게 가까이 다가가는 23가지 방법

최근에 만나 사례입니다. 연순 씨는 결혼하고 10년이 넘도록 아이가 없어서 근심이 이만저만이 아니었습니다. 아이를 갖기 위해 임신에 도움이 되는 것, 좋다는 것은 다 먹어보고 따라도 해보았지만 아무 효험이 없었지요. 그렇게 몸과 마음이 지칠 대로 지쳐 포기하는 마음이 들 때쯤 덜컥 입덧을 하고 임신이 되었습니다. 그것도 아들이었습니다. 연순 씨는 반갑고 기쁜 마음에 온 세상을 얻은 듯했습니다.

연순 씨는 아이가 원하는 것과 아이에게 좋다는 것은 뭐든 다 해주고자 했습니다. 금지옥엽으로 귀하게 기르며 본인 또한 정말 행복했지요. 그런데 갑자기 남편의 사업이 기울어 큰 빚을 지면서 상황이 돌변했습니다. 집안 살림이 크게 어려워지고, 사춘기에 접어든 아들과도 부딪히는 일이 늘었습니다. 어느 날부터인가 연순 씨의 목소리는 날카로워졌고 아이에게 폭발적으로 화내는 일도 잦았습니다.

엄마인 자신은 남편의 빚을 갚기 위해 힘들게 일하는데, 아이는 너무 철딱서니가 없어 보였습니다. 이거 해 달라, 저거 해 달라는 요구만 하고 제 할 일을 제대로 하지 않는 게 영 못마땅했습니다. 그러면서도 아이에게 화를 내고 나면 후회와 자책의 마음이 들어 더욱 힘들었습니다. 그토록 바라고 기다려서 얻은 아들이었는데 말이지요.

하나뿐인 아들에게 잔인한 말을 마구 내뱉는 자신이 그녀는 너무 싫었습니다. 하지만 아이 마음에 상처가 될 걸 뻔히 알면서도, 한번 화가 올라오면 이성적으로는 도저히 조절이 되지 않았지요. 그래서 더욱 힘들고 괴로웠습니다. 한편으로는 왜 자신이 아이에게 그처럼 심한 독설을 뿜어내는지를 알 수 없었습니다.

연순 씨의 꿈은 좋은 엄마가 되는 것이었습니다. 예전 자신의 엄마처럼 자녀를 거칠게 대하지도, 꿈을 좌절하게도 만들고 싶지 않았습니다. 아이가 원하는 꿈을 잘 이루어가도록 좋은 환경을 만들어주고, 또 행복하게 해주고 싶었지요. 아이와 오손도손 이야기를 나누며 정답게 지내는 삶을 그려온 것입니다.

그녀는 어린 시절 자신이 엄마로부터 당한 심한 욕설과 손찌검을 떠올리면 아직도 지긋지긋합니다. 집이 너무나 가난해 하고 싶은 일이 있어도 하고 싶다는 말조차 못 꺼내고 삼켜야 했던 것을 생각하면 지금도 목에 무언가 걸려 있는 듯 답답한 마음이 듭니다. 그런데도 다른 형제들은 다들 자기 마음 내키는 대로 행동하며 번갈아 사고를 치는 통에 엄마가 너무 안돼 보였습니다. 그녀마저 말을 순순히 듣지 않으면 엄마가 자기들을 버리고 떠날지도 모른다는 두려움에 어떤 바람이 있어도 입을 뗄 수는 없었습니다. 연순 씨는 이런 아픔과 좌절을 마음에 접어두고 긴 세월을 살아왔습니다.

아들과의 불화를 끝내고 상황을 바로잡기 위해서는 연순 씨의 그 같은 마음을 치유하는 게 먼저였습니다. 아들을 향한 지금의 화는 어릴 적 연순 씨 어머니의 모습에 다름 아니었기 때문이지요. 그녀의 오래전 상처는 본인의 책임이 아니라는 사실, 이것을 깨닫는 것만으로도 부정적 정서는 상당 부분 누그러질 수 있었습니다.

그렇게 심리 상담을 하기를 몇 차례, 연순 씨는 어린 시절의 상처와 좌절을 풀어내며 자신을 이해하고 받아들이게 되었습니다. 그리고 그녀는 잠든 아들 곁에서 미안한 마음과 안타까움으로 눈물을 흘리며 결심했습니다. 이제 더 이상은 아들에게 상처를 주지 않겠다고, 정말 좋은 엄마가 되어 아들과 다정하게 잘 지내야겠다고 말입니다.

하지만 결심을 했다고 바로 아이와 엄마의 관계가 좋아지고, 다정하게 손을 잡고 이야기를 나누는 사이가 되는 것은 아니지요. 오히려 아이를 어떻게 대해야 할지 몰라서 난감했고, 전보다 더 어색하고 불편한 마음이 들기도 했습니다.

물론 방법이 전혀 없는 것은 아닙니다. 중요한 것은 그렇게 변화하기로 마음을 먹었다는 데 있지요. 자신의 마음의 상처를 달래고 새로이 결심을 다졌다면 이제 실천으로 옮길 차례입니다. 아이에게 좀 더 가까이 다가갈 수 있도록 말이지요. 그 방법을 지금부터 말씀드리겠습니다. 이중에는 당장 따라서 해보기에 어색한 것이 있을 수도, 평소에 생각을 했다가도 무심코 놓친 요령도 있을 것 같습니다. 그래도 조급해하지 않고 서서히, 하나하나씩 바꾸어나가면 됩니다. 그러는 사이에 엄마의 진심은 아이에게 가닿을 테니까요.

1. 아이의 말을 잘 들어주세요.

누군가에게 다가가기 위한 가장 기본은 잘 들어주는 일일 테지요. 더욱이 아이의 의견을 소중하게 들어주는 것은 자신감을 갖게 하고, 자기표현 능력을 향상시키는 좋은 방법 중 하나입니다. 또한 사고력을 키우는 방법이기도 합니다. 아이의 엉뚱하고 특이한 의견이라도 그것을 창의적이거나 기발한 생각으로 받아준다면 아이는 자신이 특별해진 듯한 기분과 함께, 더 많이 생각하고 더 많이 표현하려고 할 것입니다.

2. 아이를 억지로 설득하려고 하지 마세요.

말로는 아이와 대화를 한다고 하지만, 엄마의 생각이나 결정을 억지로 받아들이도록 하는 경우가 많습니다. 아이가 잘 이해하기 어려울 때조차 "엄마 말 이해하지?"라고 말하는 것이 그렇습니다. 그러면 아이는 자신이 무엇을 이해해야 하는지 모른 채 제 감정조차 드러내지 못하고, 그냥 받아들이는 경우를 종종 봅니다. 아이가 어떠한 상황을 받아들였더라도 그것으로 아무 문제없다는 듯한 태도는 좋지 않습니다. 아이의 힘듦이나 당황스러움, 낯설음에 대한 정서적인 돌봄 없이 무조건 받아들이게 하면 겉으로는 멀쩡해도 마음속에 상처가 남기도 합니다. 그래서 그 상황에 대해 아이들이 어떻게 이해했는지를 확인해볼 필요도 있습니다.

3. 아이의 눈높이에서 설명해주어야 합니다.

어린아이의 인식 수준에서는 사물을 다양한 관점으로 받아들이는 능력이 덜 발달되어 있습니다. 그래서 단순히 "안 돼.", "싫어."라는 말만으로도 자신이 거부당한다거나 버림받고 있다는 마음이 들 수 있습니다. 아이에게 무언가를 받아들이게 하거나, 또는 아이의 제안을 거부할 때는 그 이유를 아이의 눈높이에 맞춰 차근차근 설명해주어야 합니다. 눈높이를 맞춘다는 말은 아이의 공감을 이끌어내야 한다는 의미이기도 합니다.

4. 비교하는 습관이 자녀의 마음을 멍들입니다.

아이는 자신만의 세계를 모두 이해하는 것도 버겁습니다. 하물며 다른 집이건, 다른 사람이건 남과 비교하는 데서 오는 다양한 관점을 다 받아들이고 이해하기란 더욱 어렵습니다. 타인의 시선에 대한 부담도 뒤따르게 마련입니다. 이로써 자신의 속마음과 입장은 제켜둔 채 남과 비교하는 습관이 생길 수 있습니다. 게다가 남과의 비교는 상대적으로 안 좋은 이야기를 꺼내는 경우가 많지요. 이런 일이 반복되다 보면 자신의 의지와 관심보다는 타인의 눈에 맞추려는 버릇이 만들어집니다. 자율성을 해치게 되는 것이지요.

5. 꾸짖기보다는 깨우쳐 주세요.

아이들을 꾸중함으로써 바르게 이끌 수 있다고 믿는 분들이 많습니다. 사실 아이가 잘못을 했을 때에 항상 너그럽게 접근할 수는 없습니다. 위험하다거나 잘못이라고 생각될 때는 야단을 칠 수도 있습니다. 훈육 방법으로서 채찍과 당근은 많이 사용하는 방법이기도 하니까요. 그런데 꾸중을 할 때는 그 자리에서 곧바로 하는 게 효과적입니다. 이때 아이의 생각을 함께 들어보는 것도 잊지 말아야 합니다. 가르치기보다는 깨닫게 해주는 것이지요. 그리고 한 번 꾸중한 문제를 가지고 또다시 꾸중할 때는 신중해야 합니다. 홧김에 지난번 일로 다시 꾸짖는다면 아이에게는 그저 잔소리로 들릴 따름입니다.

6. 아이에게 엄마의 선택을 강요하지 마세요.

아이는 어른의 시종이 아닙니다. 아이 나름의 생각과 계획이 있을 수 있기 때문에 그들에게 먼저 생각이나 행동을 선택할 기회를 주어야 합니다. 이는 독립성에 대한 인정이기도 합니다. 어른들이 마음대로 자신에 대한 결정을 내렸다는 사실을 인식하면서부터 아이는 반항심을 키우게 되고, 그런 어른들의 행동을 보고 비난하면서도 따라하게 됩니다.

엄마의 생각만으로 판단해버리는 일은 소통이 아닌 일방적이라는 의미이기도 합니다. 아이에게도 나름의 생각과 감정이 있다는 것을 안다면 일방적인 판단이 얼마나 상대를 무시하고 함부로 대하는 행동인지 이해할 것입니다. 먼저 아이의 이야기에 충분히 귀를 기울여야 합니다. 그런 다음 서로의 생각을 나누어야 하지요. 그러면 어떻게 판단해야 할지는 자연히 드러날 것입니다.

7. 참견하는 대신에 지켜봐주세요.

아이들은 독립된 인격체입니다. 자신의 삶을 스스로 결정해나가고, 또한 침해받지 않을 권리를 가지고 태어납니다. 돌보는 것과 참견은 전혀 다른 의미입니다. 아이의 신경을 가장 거슬리는 것 중 하나가 바로 참견입니다. 함께 책임져주지도 않으면서 아이의 일에 이래저래 지시하게 되면 괜한 짜증을 유발할 수도 있지요. 참견하는 대신에 스스로 하도록 지켜봐주는 게 좋습니다.

8. 엄마의 잘못을 솔직하게 인정하세요.

어른들은 자신의 잘못을 인정하는 데에 서툰 편입니다. 사실 아주 사소한 잘못이라도 그것을 인정하려면 용기가 필요하지요. 흔히 실수나 잘못을 인정하면 자신이 못나 보일 거라는 생각에 주저하고 창피해합니다. 창피를 무릅써야 하니까 잘못을 인정하기가 어려운 것입니다. 하지만 엄마의 솔직하고 용기 있는 태도가 아이에게는 좋은 귀감이 됩니다. 게다가 때로는 실수도 하고 조금은 부족한 듯 보이는 엄마의 모습이 아이에게는 매사에 빈틈없이 완벽한 엄마보다 더 친근하게 느껴집니다.

9. 아이 앞에서 친구를 흉보지 마세요.

사람은 자신이 만나는 집단을 자신과 동일시하는 경향이 있습니다. 특히 아이들은 그 경향성이 더욱 두드러집니다. 친구들에 대한 부정적인 이야기를 자신이 잘못하고 있다는 것으로 받아들일 수 있습니다. 그러면 아이의 내면에는 불편한 마음이 생깁니다. 사실 관계를 제대로 모르는 어른들이 자신을 포함해 친구들을 비난한다고 여기게 되지요. 자연히 반감이 생기는 데다가, 다른 사람을 헐뜯는 습관이 학습될 수도 있다는 점 또한 염두에 둘 필요가 있습니다.

10. 사소한 약속이라도 잘 지키도록 노력하세요.

아이와의 약속은 대개 작고 사소한 것들이 많지요. 하지만 이를 가볍게 여겨 지키지 못했어도 별 생각 없이 넘어간다면, 아이는 신뢰의 마음을 키울 기회를 잃어버리게 됩니다. 신뢰의 문제는 큰 약속에서 잘 드러날 것 같지만, 작고 사소한 부분에서도 경험되는 것입니다. 신

되는 삶의 중요한 요소이기도 합니다. 아이에게 믿음을 주는 엄마가 되고 싶다면 작은 약속이라도 소홀히 여기지 말아야 합니다.

11. 아이에게 엄마의 짐을 얹지 마세요.

아이에게 엄마의 일은 매우 크고 중요하게 느껴집니다. 그래서 엄마의 일이라도 아이 또한 부담감을 느끼기가 쉽습니다. 엄마의 일은 자신이 책임지고, 아이들에게 그 짐의 무게를 얹지 말아야 합니다. 아이들은 감당하지도 못하지만, 벗어나지도 못합니다. 애초에 자신이 떠안아야 할 몫이 아닌데다가 그것을 해결하거나 벗어날 능력도 없습니다. 자신이 가진 역량보다 한참은 더 무거운 엄마의 문제로 어린 동심이 짓눌려서는 안 될 테지요.

또한 부부 사이의 일에 자녀가 끼어있는 경우를 흔히 봅니다. 부부싸움을 하면 아빠보다는 엄마들이 더 자신의 감정을 자녀에게 늘어놓지요. 자신의 억울함이나 남편의 부당함, 잘못에 대해 엄마 편을 들어주기를 바라며 그러는 경우도 있고, 답답한 마음을 풀어놓을 대상이 없어 자녀에게 이야기하는 경우도 있습니다. 그럴 때 자녀는 무방비로 부모의 이야기를 듣게 되고, 알게 모르게 부정적 감정이 쌓입니다. 더욱이 극단적인 부모의 행동을 경험하게 되면 그 충격과 상처는 더욱 클 수밖에 없습니다.

12. 눈을 맞추고 부드럽게 대화하세요.

아이들은 예민한 존재입니다. 큰소리와 거친 말투가 아이들의 마음에 상처를 냅니다. 거칠고 큰소리는 아이로 하여금 꾸중을 듣는다는 생각을 들게 합니다. 그처럼 집에서 아이를 주눅 들게 하고서, 밖에 나가서는 아이가 자신감 있고 당당하게 행동하기를 바라는 엄마들이 있습니다. 가장 가까이에 있는 엄마부터가 부드럽고 편안한 말투로 아이들의 마음을 감싸야 합니다. 그리고 대화할 때는 눈을 맞추는 게 좋습니다. 눈 맞춤은 사랑의 표현이기도 합니다.

13. 아이와 여행을 떠나보세요.

여행이라고 해서 거창하게 생각할 필요는 없습니다. 꼭 멀리 떠나야 하는 것도 아니지요. 가까운 곳이라도 여행을 계획하고, 준비하고, 함께 다니는 과정을 통해 아이의 생각과 마음을 더 깊이 이해할 수 있습니다. 여행은 그 자체로 아이에게 좋은 공부가 되기도 하지요. 평소에 어리다는 이유로 수동적이고 어른들을 따를 수밖에 없는 입장의 아이였다면, 일상을 벗어난 이 기회에 주체가 되는 경험을 만들어주기 바랍니다. 아마도 부쩍 성장한 아이를 발견하게 될 것입니다.

14. 가족이 함께 즐기는 게임 시간을 만들어보세요.

인간의 원초적 욕구에는 성욕과 식욕이 있습니다. 그리고 이에 못지않게 중요한 욕구가 또 하나 있는데, 바로 즐거움(재미)의 욕구입니다. 거부감 없이 누구나 함께할 수 있는 놀이 문화가 가정에 있다면 아이뿐 아니라 가족 모두에게 더 친근하고 밀접한 관계를 만들어줄 것입니다. 놀이, 즉 게임에는 나름의 규칙이 있어 아이들에게 공동체 의식을 심어주는 데에도 많은 도움을 줍니다.

15. 집안일도 역할 분담을 하세요.

살다 보면 참 고마운 일들을 만나곤 합니다. 이때 그런 일들을 베풀어준 당사자에게 감사함을 느끼고, 나 또한 그를 위해 무언가를 되갚아주려는 마음이 생기지요. 그런데 자신의 안락을 뒤로하고 온통 가족을 위해 희생하는 엄마를 보며 감사한 마음이 생기지만, 한편으로는 오랜 시간 익숙해진 탓에 그것을 당연하게 여기는 행동과 말을 하는 경우가 많습니다. 엄마에 대한 감사의 마음도 희미해지지요. 하지만 집안일을 분담하게 되면 어떨까요? 아이는 자신의 역할을 인정받을 수 있어서 좋고, 집안일의 어려움에 대해서도 이해할 것입니다. 무엇보다 엄마의 노고에 대해 감사하는 마음이 깃들 테지요.

16. 반드시 지켜야 할 기준을 정해주세요.

부모의 허락을 받는 일은 아이의 한계를 인정하는 것이기도 합니다. 아직 판단력이 성숙하지 않은 아이에게 모든 책임을 지우지 않는 대신에 나이와 상황에 맞는 적절한 제한도 꼭 있어야 합니다. 성장 과정에서 아이에게 넘겨야 하는 권한 위임의 시기와 내용을 미리 준비해둔다면 엄마와 아이의 혼란을 줄일 수 있습니다. 귀가 시간, 용돈 관리, 이성 문제, 게임 시간 등은 아이와의 대화를 통해 어느 정도 가이드를 정해두는 게 좋습니다.

17. 아이의 사생활을 존중해주세요.

아이의 수첩이나 일기장을 몰래 들여다보는 경우가 흔합니다. 엄마들은 아이를 위해서라고 자신의 행동을 정당화하려 하지만, 아이는 자신만의 세계를 인정해줄 때 더욱 책임감을 키울 수 있습니다. 비밀을 엿보는 대신 아이 스스로 엄마에게 도움을 요청하도록 편안한 환경을 만들고 기다려주세요. 엄마와 아이 사이에 비밀을 만들고 싶지 않아서 한 행동이 오히려 아이와의 거리를 멀어지게 할 수 있습니다.

18. 지금 이 순간을 아이와 함께하세요.

현재의 상황에 집중하여 아이에게 관심을 보내고 마음을 나누어야 합니다. 아이와 함께하는 지금 이 순간의 관심거리에 초점을 맞추고 마음을 나눌 때 아이들은 사랑받고 있음을 느끼게 됩니다. 아이가 보다 밝고 따뜻한 사람으로 성장하는 여건이 조성되는 것이지요.예를 들어 운동하는 아이에게는 아이의 운동하는 모습에 관심을 보내야 하고, 피아노를 치고 있다면 또 피아노 치는 그 모습에 엄마의 반응을 보여주는 것입니다. "어제 해줬잖아.", "내일 봐줄게."는 지나간 일이고, 아직 오지 않은 시간입니다. 지금 내 아이의 관심사에 반응해주고 함께해주는 엄마가 아이를 행복하게 합니다.

19. 칭찬도 독이 될 수 있습니다.

세상 모든 일에는 양면성이 있듯이 칭찬도 독이 되는 경우가 있습니다. 예를 들어 '참 착하다'는 말을 엄마나 어른들은 자주 쓰지요. 아이가 무언가를 하면 착하다고 칭찬(?)을 합니다. 어린아이들은 이런 칭찬에 대해 자신의 행동을 인정해주는 말로 받아들입니다. 그래서 그 말을 또 듣기 위해 같은 행동을 반복하게 되지요. 그런데 이처럼 반복되는 행동이 자신의 바람은 접어둔 채 타인에게 맞추려는 습관을 강화할 수 있습니다. 다만, 진심이 담긴 칭찬이라면 그 같은 우려가 많이 줄어들 것입니다. 자신을 움직이려는 의도가 담긴 칭찬을 아이들은 마냥 반가워하지 않습니다. 진심을 느낄 수 없기 때문이지요. 오히려 불편하고 거부감마저 들게 됩니다.

20. 아이와 스킨십으로 사랑을 나누세요.

아이와 손을 맞잡고 눈을 맞추는 것만으로도 아이의 표정이 해맑게 변하는 것을 본 적이 있을 테지요. 이처럼 서로의 눈과 손이 마주하여 느끼는 교감을 아이가 경험하도록 해주세요. 서로의 접촉으로 엄마를 느끼고, 사랑을 느끼고, 정서적 만족을 느끼는 시간은 아이의 삶을 든든하게 떠받쳐줄 것입니다.

21. 엄마의 일관된 태도가 아이를 건강하게 합니다.

갈등 관계에 놓였을 때 타인의 눈치를 보는 사람들이 의외로 많습니다. 그런데 자녀를 키우는 엄마의 모습에서도 아이의 눈치를 보는 경우가 드물지 않습니다. 그래서 아이의 뜻대로 해주고 말곤 하지요. 그렇게 하는 것이 아이와의 관계를 나쁘게 만들지 않는다고 생각하는 것입니다. 하지만 엄마가 아이의 눈치를 보며 흔들리는 모습은 엄마도 불안해하지만, 아이도 자신과 타인 사이에서 스스로를 조절하는 기회를 놓치게 만듭니다. 타인과 더불어 살아가기 위한 효율적인 요령을 배우지 못하게 되는 것입니다. 눈치 대신 엄마의 진심을 믿으시기 바랍니다. 엄마의 진심이 담긴 태도와 교육이 아이를 건강하게 합니다.

22. 엄마는 기다려줄 수 있어야 합니다.

사람은 누구나 자신만의 삶의 속도를 지니고 살아갑니다. 그 속도가 빠른 아이도 있고, 느린 아이도 있지요. 자신의 속도에 알맞게 나아갈 때 아이는 무리하지 않고, 부담을 느끼지 않는 편안한 상태를 유지하기 좋습니다. 이러한 상태가 본인의 능력을 마음껏 발휘할 수 있는 최적의 조건이 될 수 있습니다. 가장 가까이에서 영향력을 미치는 엄마가 기다려주지 못하면 아이의 삶은 마구 엉클어질지도 모릅니다. 아직 할 준비가 되어있지 않을 때 무언가를 해야 한다는 부담감이 아이를 더욱 힘들게 합니다. 엄마는 그 준비를 도와주고, 또 기다려주어야 합니다. 다만, 아이가 도움의 신호를 보내는데도 그것을 몰라보는 일이 있어서는 안 되겠지요.

23. 사랑 표현은 지나친 법이 없습니다.

현실적으로 우리 아이들은 사랑에 무척 목말라하고 있습니다. 말하지 않으면 그걸 모를까 싶겠지만, 표현하지 않으면 알 수 없습니다. 아니, 행여 알고 있더라도 직접 표현하는 것은 또 다른 문제이기도 합니다. 사랑한다고 말해야 합니다. 말하지 않는다면 아이는 엄마의 마음을 모르거나 오해할 수도 있습니다. 특히 아이가 안 좋은 일로 힘들어할 때 엄마의 사랑한다는 말 한마디는 큰 힘을 줍니다.

이 23가지 방법 외에도, 어떻게 하면 아이의 마음을 좀 더 편안하게 해주고 다정하게 다가갈 수 있을까를 생각해본다면 실천 가능한 목록은 얼마든지 있습니다. 앞에서도 언급했습니다만, 사람은 쉽게 바뀌지 않습니다. 어느 날 갑자기 모든 것을 바꾸려고 하기보다는 지금 당장 실천 가능하고, 할 수 있는 일부터 시작해보기 바랍니다. 한 걸음 한 걸음 내 사랑하는 아이에게 다가가다 보면 머지않아 아이도 엄마의 진심을 깨닫게 될 테지요. 사랑을 가득 품고 친근하게 다가오는 엄마의 그 마음을 아이의 마음이 알아봅니다. ♠

엄마와 아이는
서로를 도우는 존재

아이가 태어나서 자라나 성인이 되는 그 모든 과정은 협력이라는 말로 설명될 수 있습니다. 그만큼 우리 삶에 있어서 협력은 매우 중요한 역할을 합니다. 엄마와 아이의 관계도 곰곰이 생각해보면 협력이라는 관계 아래에 놓여 있지요.

오래전 한 학회의 자녀교육 세미나에 참석한 적이 있습니다. 거기서 중국의 심리학자가 참 인상적인 연구 내용을 발표했던 기억이 납니다. 당시에 중국은 한 자녀 갖기가 법으로 되어있고 제왕절개를 통해 출산하는 풍조가 만연해 있었는데, 그에 대한 우려를 논문으로 발표한 것입니다. 세월의 흐름을 좇는 종단 연구에서, 제왕절개로 태어난 아이들을 대학 때까지 추적 조사한 결과 정신적으로 매우 취약해지는 확률이 높았습니다. 성장 과정에서 많은 스트레스와 고비를 상대적으로 잘 견뎌내지 못했고 문제를 일으키거나 한 것이지요.

이 연구가 협력과 무슨 상관이냐고 반문할지 모르겠습니다. 하지만 저는 이 연구 결과를 들으며 많은 것들을 생각하게 되었습니다. 제가 말하고자 하는 것은 제왕절개의 장단점이 아닙니다. 아이가 필수적으로 경험하고 헤쳐 나아가야 할 것들에 대해서지요.

엄마와 아기의 첫 만남이 있기까지

아기가 세상에 처음 태어날 때도 그런 것 같습니다. 주위에는 의사와 산파와 간호사와, 또 아기가 세상으로 나오기를 기다리는 많은 사람들의 관심과 염원이 함께합니다. 사람들의 그 같은 염원 속에 아기는 무사히 세상을 만나게 되지요. 바로 협력입니다.

범위를 아주 좁혀 엄마와 아기만의 관계를 생각해봐도 이 둘은 매우 환상적인 콤비를 이루어 놀라운 결실을 만들어냅니다. 아기가 산도를 통과해 나올 수 있도록 엄마가 최대한의 힘을 줄 때, 아기 또한 엄마 몸 밖의 새로운 세상을 만나기 위해 엄청난 노력을 합니다. 아기들이 가만히 있으면서 세상을 만나는 게 아니지요.

이 순간의 경험이 바로 아기의 최초의 역경입니다. 이는 앞으로 아이가 살아가면서 만나는 많은 어려움들에 비해 결코 작지 않습니다. 더불어 이 경험으로 말미암아 아기는 역경에 대한 경험치, 내지는 방어력을 갖게 됩니다. 무엇보다 아기는 결코 혼자가 아니라 엄마와 협력하여 고통을 이겨내, 엄마를 만나고 세상을 만나는 기쁨을 맛보게 되는 것이지요.

이렇게 태어난 아기는 엄마의 품속에서 새근새근 잠만 자는 게 아닙니다. 온갖 배냇짓으로 엄마에게 기쁨과 행복을 선사하지요. 아기가 세 살까지 보여주는 재롱은 부모가 평생 동안 뒷바라지하며 희생하는 것과 비견될 만큼의 효도라는 말이 있습니다. 그만큼 아기가 주는 기쁨이 크다는 것이지요. 예전 어른들이 아기들을 인화초人花草라고 부르곤 했던 게 떠오릅니다. 오만 가지 화초 중에 으뜸간다는 뜻에서 나온 말이지요. 이처럼 한 생명의 탄생은 너무도 반갑고 소중한 선물입니다.

이후 아기와 엄마는 매일을 협력하여 일상을 만들어갑니다. 어느 하루도 서로의 협력 없이는 아기가 순조롭게 자라나기 어려울 것입니다. 하다못해 젖을 먹이는 일조차도 아기가 협력하지 않으면 쉽지 않습니다. 아기에게 젖을 물려본 엄마들은 다 아실 텐데, 아기에게 젖 먹일 시간이 지나면 젖이 부풀어 엄마가 고통을 느끼기도 합니다. 그럴 때 아기가 젖을 쭉 빨아들이는 그 순간에 엄마는 굉장히 편안해지고 만족감을 느낄 수 있습니다. 물론 아기도 배가 고팠겠지만, 아기가 빨아줌으로써 엄마의 몸이 가볍고 편안해지는 것을 몸으로 느끼는 것이지요. 이때 아기가 내는 노력 또한 적잖이 힘든 일입니다. 오죽하면 '젖 먹던 힘까지'라는 말이 있으니까요.

이렇듯 아기의 탄생과 양육 과정 중에 엄마 혼자만의 힘으로 순조롭게 이루어지는 일은 그리 많지 않습니다. 젖 먹는 일 하나도 엄마와 아기의 협력이 있어야 가능하지요. 이때 엄마와 아기의 눈 맞춤, 아기의 옹알이, 무한한 사랑과 기쁨이 서로의 눈과 감촉을 통해 전달되면서 둘은 안정감과 행복감을 만끽하게 됩니다.

옆에 오래 있기보다 중요한 마음 나누기

직장에 다니는 초년생 엄마들 중에는 아기가 잘 떨어지지 않아 아침 출근이 한바탕 전쟁이라고 말하는 분들이 적지 않습니다. 아이를 어린이집에 데려다줄 때, 아니면 집에서 아이를 맡기고 돌아설 때면 울고불고 난리가 납니다. 간신히 달래고 문을 나서지만 등 뒤에서 아이의 울음소리가 들려 발걸음이 떨어지지 않는다고 합니다. 그렇게 아침마다 전쟁 아닌 전쟁을 치르면서 엄마들은 갈등합니다. 지금 내가 과연 잘하고 있는 것인지, 직장을 그만두고 아이 곁에 있어야 하는 것은 아닌지 말이지요.

그런데 엄마의 이처럼 흔들리는 모습을 아이도 알아챕니다. 그래서 엄마를 더 많이 흔들면 자신이 원하는 대로 된다는 생각이 무의식적으로 만들어질 수 있습니다. 그 결과 아이는 더더욱 보채고, 엄마 또한 더 많이 흔들리고 갈등하게 되지요. 떨어지지 않겠다고 우는 아이를 설득하기란 여간 어려운 게 아닙니다.

"너랑 떨어지기 싫지만 어쩔 수 없어. 엄마도 가기 싫지만, 엄마가 돈을 벌어야 네가 좋아하는 과자와 장난감을 사줄 수 있잖아?"

이렇게 말해본들 아이에게는 먹히지 않습니다. 오히려 "다 필요 없어. 싫어!" 하며 막무가내이지요. 이 순간의 아이들에게는 엄마와 떨어지기 싫은 것 말고 다른 것을 판단할 능력이 없습니다. 한편으로 아이 입장에서는 엄마가 싫은 것을 왜 하는지 이해되지 않습니다. 그것이 아이들의 한계입니다. 하물며 엄마의 이 같은 태도는 훗날 아이에게 직장 일은 괴롭고 힘들다는 선입견을 만들 수도 있습니다. 유의해야 하지요.

직장은 엄마에게 매우 중요한 의미가 있을 것입니다. 엄마의 꿈과 희망을 펼치고 싶은 곳이고, 엄마의 삶에 매우 도움이 되는 곳이며, 경제적 안정을 얻을 수 있는 곳이기도 하지요. 그 무엇이든 엄마 스스로가 먼저 일터에 대해 긍정적인 마음을 가지고 있어야 합니다. 일이 힘들지 않다는 게 아니라, 그 힘든 일도 나 자신과 가족의 행복을 위해 스스로 선택한 것임을 받아들이는 마음이 중요합니다.

직장을 다니는 것에 대한 부정적인 생각은 아이를 돌봐주지 못하는 미안함, 자책감과 함께 엄마의 마음을 괴롭히고 흔듭니다. 이런 마음은 아이에게도 바로 전염되어 엄마를 더 붙잡게 되는 빌미를 만들게 됩니다. 아이에게도, 엄마에게도 서로를 붙잡을 수 있는 좋은 이유가 생기는 셈이지요.

엄마가 직장 일에 대한 기대와 필요성을 말해도 아이들은 이해하지 못할 것 같지만, 그 대신 엄마의 정서만큼은 아이에게 잘 전달됩니다. 긍정적인 기대와 마음을 아이와 나눌 수 있고, 또 꼭 필요하기도 합니다. 엄마와 아이의 협력의 일환으로서 말이지요.

지금 당장 엄마와 함께하지 못하더라도 그것을 참아준다면 엄마는 마음 놓고 자신의 일을 할 수 있다는 이야기를 아이에게 해보세요. 저녁에 더 행복한 만남을 서로가 기대할 수 있다는 것도요. 그러면 아이는 자신의 역할로 인해 존재감을 갖게 됩니다. 엄마의 소중한 것을 위해 아이가 도와주고, 그로써 엄마가 고마워하고 있음을 아이가 느낀다면 그만큼 자존감도 커질 것입니다. 그리고 저녁에 귀가해서는 아이가 견뎌준 것에 대한 고마움과 낮 동안의 그리움을 자주 표현해주기 바랍니다.

이렇게 마음을 전하고 긍정적인 정서가 오간다면, 하루 종일 엄마와 함께 있었어도 그저 그런 시간을 보내는 것보다는 아이에게 훨씬 행복하고 만족스런 시간이 될 것입니다.

아이를 양육하는 과정에서 일어나는 모든 것을 엄마 혼자의 힘으로 헤쳐 나갈 수는 없습니다. 아이의 협력 외에도 남편이나 주변 가족,

지인의 도움을 받아야 할 부분도 많습니다. 전부 내가 알아서 해야 된다는 생각이 아이와 엄마 모두를 더 힘들게 할 수 있습니다. 그렇지 않고 아이와, 남편과, 지인들과 협력하면서 문제를 해결해나가고자 노력한다면 엄마의 부담과 갈등은 많이 줄어들 테지요. 아이들 또한 함께 힘을 합침으로써 어려움을 넘기는 체험을 통해 사회성이 높아지게 되고, 불필요한 불안감에서도 자유로워질 것입니다.

엄마와 아이의 협력, 둘 모두가 행복해지는 길입니다. ♠

사랑에 서툰 엄마를 위한 어머니다움 공부
좋은 엄마로 산다는 것

초판 1쇄 발행일 | 2015년 7월 10일

지은이 | 이옥경
펴낸이 | 이우희
펴낸곳 | 도서출판 좋은날들

출판등록 | 제2011-000196호
등록일자 | 2010년 9월 9일
일원화공급처 | (주) 북새통
(121-842) 서울시 마포구 서교동 465-4 광림빌딩 2층
전화 | 02-338-7270 · 팩스 | 02-338-7160
디자인 | su:

ISBN 978-89-98625-09-2 03590

국립중앙도서관 출판시도서목록(CIP)

좋은 엄마로 산다는 것 : 사랑에 서툰 엄마를 위한 어머니다움 공부 / 지은이: 이옥경. — 서울 : 좋은날들, 2015
p. ; cm
ISBN 978-89-98625-09-2 03590 : ₩12800
자녀 양육[子女養育]
부모 교육[父母敎育]
598.1-KDC6
649.1-DDC23 CIP2015017612